W9-ABN-178

ISNM 56
International Series of Numerical Mathematics
Internationale Schriftenreihe zur Numerischen Mathematik
Série internationale d'Analyse numérique
Vol. 56

Birkhäuser Verlag
Basel · Boston · Stuttgart

Numerische Behandlung von Differentialgleichungen Band 3

Tagung an der Technischen Universität Clausthal vom 29. September bis 1. Oktober 1980 über «Numerische Behandlung von Rand- und Eigenwertaufgaben mit partiellen Differentialgleichungen»

Herausgegeben von
J. Albrecht, Clausthal
L. Collatz, Hamburg

1981

Birkhäuser Verlag
Basel · Boston · Stuttgart

Herausgeber

Prof. Dr. J. Albrecht
Technische Universität Clausthal
Institut für Mathematik
D-3392 Clausthal-Zellerfeld

Prof. Dr. L. Collatz
Universität Hamburg
Institut für Angewandte Mathematik
Bundesstrasse 55
D-2 Hamburg 13

CIP-Kurztitelaufnahme der Deutschen Bibliothek

Numerische Behandlung von Differentialgleichungen. – Basel ; Boston ; Stuttgart : Birkhäuser
Bd. 1 u. 2 mit d. Erscheinungsorten: Basel, Stuttgart. - Erscheint als: Internationale Schriftenreihe zur numerischen Mathematik ; ...
Bd. 3. → Tagung über Numerische Behandlung von Rand- und Eigenwertaufgaben mit Partiellen Differentialgleichungen ‹1980, Clausthal›: Tagung an der Technischen Universität Clausthal vom 29. [neunundzwanzigsten] September bis 1. [ersten] Oktober 1980 [neunzehnhundertachtzig] über «Numerische Behandlung von Rand- und Eigenwertaufgaben mit Partiellen Differentialgleichungen»

Tagung über Numerische Behandlung von Rand- und Eigenwertaufgaben mit Partiellen Differentialgleichungen ‹1980, Clausthal›:
Tagung an der Technischen Universität Clausthal vom 29. [neunundzwanzigsten] September bis 1. [ersten] Oktober 1980 [neunzehnhundertachtzig] über «Numerische Behandlung von Rand- und Eigenwertaufgaben mit Partiellen Differentialgleichungen» / hrsg. von J. Albrecht u. L. Collatz. - Basel ; Boston ; Stuttgart : Birkhäuser, 1981.
(Numerische Behandlung von Differentialgleichungen ; Bd. 3) (Internationale Schriftenreihe zur numerischen Mathematik ; Bd. 56)
ISBN 3-7643-1253-X
NE: Albrecht, Julius [Hrsg.]; Technische Universität ‹Clausthal›; International series of numerical mathematics ; HST

Library of Congress Cataloging in Publication Data

Tagung an der Technischen Universität Clausthal vom 29. September bis 1. Oktober 1980 über «Numerische Behandlung von Rand- und Eigenwertaufgaben mit partiellen Differentialgleichungen.»
(Numerische Behandlung von Differentialgleichungen; Bd. 3) (International series of numerical mathematics. = Internationale Schriftenreihe zur numerischen Mathematik = Série internationale d'analyse numérique; 56)
1. Boundary value problems -- Numerical solutions -- Congresses. 2. Eigenvalues -- Congresses. 3. Differential equations, Parital -- Numerical solutions -- Congresses. I. Albrecht, Julius. II. Collatz, Lothar, 1910- . III. Series. IV. Series: International series of numerical mathematics; 56.
QA379.T33 515.3'5 81-3802
ISBN 3-7643-1253-X AACR2

Printed in Switzerland by Birkhäuser AG Graphisches Unternehmen, Basel
ISBN 3-7643-1253-X

VORWORT

Viele Probleme der Natur- und Ingenieurwissenschaften führen auf Rand- und Eigenwertaufgaben mit partiellen Differentialgleichungen. Da nur selten eine geschlossene Lösung bekannt ist, hat die numerische Behandlung solcher Aufgaben eine grosse Bedeutung erlangt. Einige neue Ergebnisse auf diesem Gebiet wurden auf der Tagung, die in der Zeit vom 29.9. bis zum 1.10.1980 am Institut für Mathematik der TU Clausthal stattfand, vorgestellt. Zur Sprache kamen unter anderem Schranken für Eigenwerte, inverse Eigenwertaufgaben, Identifizierungsprobleme, die Methode der finiten Elemente und Abschätzungen für die Randwerte nichtlinearer elliptischer Gleichungen sowie Anwendungen auf Probleme aus der Technischen Mechanik, der Hydrodynamik, der Plasmaphysik und der Stahlherstellung.

Die Tagung fand - wie auch die grosse Zahl von Teilnehmern aus dem Ausland zeigt - lebhaftes Interesse. Sie wurde - ebenso wie die 1978 in Clausthal abgehaltene Tagung über Numerische Behandlung von Eigenwertaufgaben, deren Ergebnisse in Band 43 der Internationalen Schriftenreihe zur Numerischen Mathematik (ISNM) veröffentlicht worden sind - von der Stiftung Volkswagenwerk unterstützt. Für die grosszügige Hilfe möchten wir der Stiftung Volkswagenwerk herzlich danken. Gedankt sei auch dem Birkhäuser Verlag für die gute Zusammenarbeit.

J. Albrecht, Clausthal — L. Collatz, Hamburg

INDEX

Bandle Catherine
Abschätzung der Randwerte bei nichtlinearen elliptischen Gleichungen aus der Plasmaphysik 1

Bosznay Adam
Solution of the Inverse Eigenvalue Problem of a Vibrating Continuum with the Method of Intermediate Operators 18

Fox David W.
Useful Technical Devices in Intermediate Problems 36

Fox David W. and Sigillito Vincent G.
Bounds for Eigenvalues of Reinforced Plates 45

Goerisch Friedrich
Ueber die Anwendung einer Verallgemeinerung des Lehmann-Maehly-Verfahrens zur Berechnung von Eigenwertschranken 58

Grothkopf Uwe
Anwendungen nichtlinearer Optimierung auf Randwertaufgaben bei Partiellen Differentialgleichungen 73

Hebeker Friedrich-Karl
Ein Fourier-Algorithmus für die Anfangswertaufgabe der dreidimensionalen Wirbeltansportgleichung 83

Hoffmann K.-H.
Identifizierungsprobleme bei Partiellen Differentialgleichungen 97

Mottoni Piero de
Zur numerischen Umkehrung der Laplaceschen Transformation 117

Rectorys Karel
Solution of Mixed Boundary Value Problems by the Method of Discretization in Time 132

Schwarz Hans-Rudolf
Die Methode der konjugierten Gradienten mit Vorkonditionierungen 146

Velte Waldemar
Zur Einschliessung von Eigenwerten 166

Werner Bodo
Complementary Variational Principles and Nonconforming Trefftz Elements 180

Wetterling Wolfgang
Quotienteneinschliessung beim ersten Membraneigenwert 193

Whiteman J.R.
Finite Element Methods for Elliptic Problems Containing Boundary Singularities 199

ABSCHAETZUNG DER RANDWERTE BEI NICHTLINEAREN ELLIPTISCHEN GLEICHUNGEN AUS DER PLASMAPHYSIK

Catherine Bandle

The boundary values of solutions of an elliptic equation appearing in plasma physics are investigated. Estimates are given for those solutions which in addition solve a certain variational problem. The main tools are the methods of symmetrization and of conformal transplantation. The bounds together with a result of Stakgold [9] are then used to localize the domain containing the plasma.

1. Einführung

Bei der Untersuchung der Gleichgewichtsbedingung eines Plasmas in einer Tokomakmaschine stösst man auf das folgende Problem:

$$(1.1)\quad \begin{cases} \Delta u + \lambda u^+ = 0 \text{ in } D\subset\mathbb{R}^2 \ ; \ u^+ = \max(u,0) \\ \qquad u = \alpha \text{ auf } \partial D \\ -\oint_D \frac{\partial u}{\partial n} ds = I \end{cases},$$

wobei $\lambda>0$ und $I>0$ vorgegebene feste Zahlen und α eine unbekannte noch zu bestimmende Konstante ist. $\frac{\partial}{\partial n}$ bedeutet die Ableitung nach der äusseren Normalen von D und ds ist das Bogenelement auf ∂D.

$D^+ := \{x : u(x)>0\}$ stellt physikalisch das Gebiet dar, in dem sich Plasma befindet, und $D^- := \{x : u(x)<0\}$ entspricht dem Vakuum. Infolge des Maximumprinzips gilt $u(x)>\alpha$ in D. Bezeichnet man mit $0<\nu_1<\nu_2<\dots$ die Eigenwerte des Eigenwertproblems

(1.2) $\Delta\varphi + \nu\varphi = 0$ in D, $\varphi = 0$ auf ∂D,

so besteht - wie Temam [10,11] gezeigt hat - der folgende Zusammenhang zwischen ν_1 und dem Randwert α:

$$\begin{aligned} \alpha > 0 \quad &\Longleftrightarrow \quad \lambda < \nu_1 \\ \alpha = 0 \quad &\Longleftrightarrow \quad \lambda = \nu_1 \\ \alpha < 0 \quad &\Longleftrightarrow \quad \lambda > \nu_1 . \end{aligned}$$

Für $v \in H_0^1(D) \oplus \mathbb{R}$ führen wir die Grösse

$$J[v] := \int_D \operatorname{grad}^2 v\,dx - \lambda \int_D (v^+)^2 dx + 2Iv(\partial D)$$

ein. Temam [10,11] bewies, dass das Variationsproblem

(1.3) $J[v]$ —— inf, $v \in K := \left\{ w \in H_0^1(D) \oplus \mathbb{R} : \lambda \int_D w^+ dx = I \right\}$

stets eine Lösung besitzt, welche gleichzeitig eine klassische Lösung von (1.1) ist. Eine solche Lösung heisst variationelle Lösung. Die variationellen Lösungen brauchen - wie aus einfachen Gegenbeispielen [8] hervorgeht - nicht eindeutig zu sein. Es zeigt sich jedoch [11], dass für $0 < \lambda < \nu_2$ das Problem (1.1) immer eindeutig lösbar ist. Für den Kreis $\{x : |x| < R\}$ gibt es sogar für alle λ genau eine Lösung [4], welche sich explizit berechnen lässt, nämlich

(i) $\lambda > (j_0/R)^2$:

$$u(x) = \begin{cases} \dfrac{-I}{2\pi j_0 J_0'(j_0)} J_0(\sqrt{\lambda}\,|x|), & \text{falls } 0 < |x| < \dfrac{j_0}{\sqrt{\lambda}} =: r_\lambda \\[2ex] \dfrac{-I}{2\pi} \log \dfrac{|x|}{r_\lambda}, & \text{falls } r_\lambda \le |x| < R. \end{cases}$$

(ii) $\lambda \le (j_0/R)^2$: $\quad u(x) = \dfrac{-I(\sqrt{\lambda})^{-1}}{2\pi R J_0'(\sqrt{\lambda}R)} J_0(\sqrt{\lambda}\,|x|), \quad 0 < |x| < R.$

In dieser Arbeit werden verschiedene Methoden untersucht, um die Randwerte einer variationellen Lösung einzuschliessen. Es wird ferner eine isoperimetrische Schranke für das Maximum dieser Lösungen konstruiert, die dann zusammen mit einem Ergebnis von Stakgold [9] benützt wird, um den Bereich D^+ zu lokalisieren. Einige Resultate dieser Art befinden sich bereits in [3]. Die Verfahren sind klassisch und wurden schon von Pòlya und Szegö [7] verwendet, um den tiefsten Grundton einer Membran und die Torsionssteifigkeit von Stäben abzuschätzen. Für weitere Anwendungen siehe auch [2]. Ein etwas allgemeineres Modell aus der Plasmaphysik wird in einer zu erscheinenden Arbeit von R. Sperb und C. Bandle behandelt.

2. Monotonieeigenschaft der Randwerte

Auf Grund von der Green'schen Formel ergibt sich unmittelbar die folgende Beziehung für die Lösungen von (1.1):

$$I\alpha = J[u]. \tag{2.1}$$

Da eine variationelle Lösung das Minimum von $J[v]$ innerhalb der Funktionenklasse K liefert, folgt:

(A) <u>Die variationellen Lösungen haben alle denselben Randwert.</u>

(b) <u>Von allen Lösungen haben die variationellen Lösungen den kleinsten Randwert.</u>

<u>Wir werden von jetzt an unter α stets den Randwert einer variationellen Lösung verstehen.</u>

α ist eine Grösse, die monoton vom Gebiet abhängig ist, d.h.

<u>SATZ 2.1</u> Falls $D_0 \subset D$, dann gilt $\alpha(D_0) > \alpha(D)$.

<u>Beweis:</u> Wir unterscheiden zwei Fälle:

(i) $\alpha(D_0) < 0$

Es seien u_o und u zwei beliebige variationelle Lösungen in D_o bzw. D. Als Vergleichsfunktion in D wählen wir

$$v = \begin{cases} u_o \text{ in } D_o \\ \alpha(D_o) \text{ in } D - D_o \end{cases} .$$

Dann folgt:

$$I\alpha(D_o) = J_{D_o}[u_o] = J_D[v] > J_D[u] = I\alpha(D).$$

Das Ungleichheitszeichen rührt davon her, dass v keine Lösung von (1.1) in D sein kann.

(ii) $\alpha(D_o) \geq 0$.

In diesem Fall setzen wir

$$v = \begin{cases} \beta u_o \text{ in } D_o \\ \beta\alpha(D_o) \text{ in } D - D_o \end{cases} ,$$

wobei β so bestimmt wird, dass $\lambda\int_D v dx = I$. Es ist offensichtlich $0<\beta<1$. Setzt man v in das Funktional in (1.3) ein, so erhält man

$$I\alpha(D) < J_D[v] = \beta^2\left\{\int_{D_o} \operatorname{grad}^2 u_o dx - \lambda\int_{D_o} u_o^2 dx\right\} - \lambda\beta^2\alpha^2(D_o)\int_{D-D_o} dx + 2I\beta\alpha(D_o).$$

Da u_o eine Lösung von $\Delta u + \lambda u = 0$ in D_o, $u = \alpha(D_o)$ auf ∂D_o ist, gilt:

$$\int_{D_o} \operatorname{grad}^2 u_o dx - \lambda\int_{D_o} u_o^2 dx = -I\alpha(D_o).$$

Folglich ist

$$I\alpha(D) < (2I\beta - I\beta^2)\alpha(D_o) < I\alpha(D_o).$$

Bezeichnet man mit C_o den grössten Inkreis von D und mit C_1 den kleinsten Kreis, der D enthält, so ergibt sich aus dem vorhergehenden Satz die grobe Abschätzung:

$$(2.2) \qquad \alpha(C_1) \leq \alpha(D) \leq \alpha(C_o).$$

3. Steiner'sche Symmetrisierung

Untere Schranken für α gewinnt man leicht mit Hilfe der Steiner'schen Symmetrisierung [7]. Ist B ein beliebiges Gebiet der Ebene, so bezeichnet B' dasjenige Gebiet, das symmetrisch ist zur x_2-Achse und das von den Kurven $(\frac{1}{2}l(x_2), x_2)$ und $(-\frac{1}{2}l(x_2), x_2)$ berandet wird, wobei $l(x_2)$ die Länge des Segmentes $\{x_2 = \text{const.}\} \cap B$ darstellt. B' hat denselben Flächeninhalt wie B.

Einer beliebigen Funktion $u : D \longrightarrow \mathbb{R}$ mit $u = \alpha$ auf ∂D, $u > \alpha$ in D und $u \in C^1(D)$ wird die "symmetrisierte" Funktion $u' : D' \longrightarrow \mathbb{R}$ zugeordnet, welche bestimmt ist durch die Beziehung:

$$u'(x) = \sup\{\mu : x \in D(\mu)'\}, \qquad D(\mu) := \{x \in D : u(x) \geq \mu\}.$$

Es ist wohlbekannt, dass $u' \in H^1(D')$ und dass für eine beliebige stetige Funktion $\psi(t)$

$$(3.1) \qquad \int_D \psi[u]\,dx = \int_{D'} \psi[u']\,dx.$$

Ferner gilt:

$$(3.2) \qquad u'(x) = \alpha \text{ für } x \in \partial D, \quad u'(x) > \alpha \text{ in } D'$$

und

$$(3.3) \qquad \int_D \text{grad}^2 u\,dx \geq \int_{D'} \text{grad}^2 u'\,dx.$$

Ein Beweis dieser Aussage findet sich beispielsweise in [5].

Aus (2.1) folgt:

SATZ 3.1 Es seien $\alpha(D)$ und $\alpha(D')$ die Randwerte der variationellen Lösungen in D und D'. Dann gilt: $\alpha(D) \geq \alpha(D')$.

Beweis: Auf Grund von (2.1), (3.1), (3.2) und (3.3) folgt

$$\alpha(D)I = J_D[u] \geq J_{D'}[u'].$$

Da u' eine zulässige Funktion für das Variationsproblem (1.3) in D' ist, ergibt sich $J_{D'}[u'] \geq \alpha(D')I$.

Folgerungen

(1) Von allen Vierecken der Fläche A hat das Quadrat den kleinsten Wert von α.

(2) Von allen Dreiecken der Fläche A hat das gleichseitige Dreieck den kleinsten Wert von α.

(3) Verlängert man eine Ellipse unter Beibehaltung ihrer Fläche, d.h. verkleinert man den Quotienten zwischen kleiner und grosser Halbachse, dann nimmt α zu.

Die Beweise beruhen auf Satz 3.1 und darauf, dass durch eine unendliche Folge von geschickt gewählten Symmetrisierungen im Viereck in ein Quadrat und ein Dreieck in ein gleichseitiges Dreieck verwandelt werden können [7]. Für den Beweis von (3) vgl. [7, S. 160].

Symmetrisiert man ein beliebiges Gebiet bezüglich allen möglichen Richtungen, so entsteht schlussendlich ein Kreis. Zusammen mit Satz 3.1 folgt daraus

KOROLLAR 3.1 Es sei D* der Kreis mit demselben Flächeninhalt wie D. Dann gilt: $\alpha(D) \geq \alpha(D^*)$.

4. Konforme Verpflanzung

In diesem Abschnitt leiten wir eine allgemeine obere Schranke für $\alpha(D)$ her. Zu diesem Zweck setzen wir voraus, dass D <u>einfach zusammenhängend</u> ist. Ferner fassen wir D als Gebiet in der komplexen z-Ebene ($z = x_1 + ix_2$) auf. Nach dem Riemann'schen Abbildungssatz existiert für beliebiges $z_o \in D$ eine eindeutige konforme Abbildung von D auf den Kreis $\{w : |w| < R_{z_o}\}$ von der Gestalt $w(z) = z - z_o + a_2(z-z_o)^2 + a_3(z-z_o)^3 + \dots$. R_{z_o} hängt eindeutig von z_o ab und wird als der <u>innere Radius</u> von D bezüglich z_o bezeichnet.

<u>DEFINITION</u> $\dot{R} := \max_{z_o \in D} R_{z_o}$ heisst der <u>maximale innere Radius</u>.

$\dot{D} := \{w = w_1 + iw_2 : |w| < \dot{R}\}$ steht für den Kreis vom Radius $\dot{R}$.

<u>SATZ 4.1</u> Unter den oben erwähnten Voraussetzungen gilt für die variationellen Lösungen in D und $\dot{D}$: $\alpha(D) \leq \alpha(\dot{D})$.

<u>Beweis:</u> Die Idee beruht auf einer geeigneten Wahl der Vergleichsfunktion. Es sei U(w) die Lösung von (1.1) in $\dot{D}$. Setze

$$v(z) := \begin{cases} \beta U(w(z)) & \text{in } \tilde{D}^+ := z(\dot{D}^+) \\ U(w(z)) & \text{sonst} \end{cases}$$

wobei w(z) die normierte konforme Abbildung von D nach $\dot{D}$ ist und z(w) ihre Inverse bedeutet. Ferner muss β so gewählt werden, dass v eine zulässige Funktion für das Variationsproblem (1.3) ist, d.h. $v \in K$.

Wir werden von nun an U(w(z)) mit $\tilde{u}(z)$ abkürzen.

Um $J_D[v]$ abzuschätzen, bemerken wir zunächst, dass

$$(4.1) \quad \begin{aligned} \int_{\tilde{D}^+} \text{grad}^2 \tilde{u}\, dx_1 dx_2 &= \int_{\dot{D}^+} \text{grad}^2 U\, dw_1 dw_2 \\ \int_{D-\tilde{D}^+} \text{grad}^2 \tilde{u}\, dx_1 dx_2 &= \int_{\dot{D}^-} \text{grad}^2 U\, dw_1 dw_2 \end{aligned} \quad ,$$

was direkt durch Ausrechnen verifiziert werden kann. Ferner benötigen wir das

Lemma 4.1 Für beliebiges $p>0$ gilt:

$$\int_{\tilde{D}^+} \tilde{u}^p dx_1 dx_2 \geq \int_{\dot{D}^+} U^p dw_1 dw_2 .$$

Ein Beweis befindet sich in [7] oder in [2]. Für $\lambda > \nu_1(\dot{D})$ erhalten wir aus (2.1) und (4.1)

$$(4.2) \qquad \alpha(D) I \leq J_D[v] = \int_{\dot{D}^-} \operatorname{grad}^2 U dw_1 dw_2 + \beta^2 \left\{ \int_{\dot{D}^+} \operatorname{grad}^2 U dw_1 dw_2 - \lambda \int_{\tilde{D}^+} \tilde{u}^2 dx_1 dx_2 \right\} + $$
$$+ 2I\alpha(\dot{D}).$$

Infolge von Lemma 4.1 gilt:

$$\int_{\tilde{D}^+} \tilde{u} dx_1 dx_2 \geq \int_{\dot{D}^+} U dw_1 dw_2 = I/\lambda ,$$

was zur Folge hat, dass $0<\beta\leq 1$. Berücksichtigt man diese Tatsache sowie

$$\int_{\tilde{D}^+} \tilde{u}^2 dx_1 dx_2 \geq \int_{\dot{D}^+} U^2 dw_1 dw_2 ,$$

so erhält man aus (4.2) die Ungleichung $\alpha(D) \leq \alpha(\dot{D})$.

Aehnlich behandelt man den Fall $\lambda < \nu_1(\dot{D})$. Dann ist $\dot{D}^+ = \dot{D}$ und $\tilde{D}^+ = D$. Wir haben somit die Abschätzung

$$(4.3) \qquad \alpha(D) I \leq \beta^2 \left\{ \int_{\dot{D}} \operatorname{grad}^2 U dw_1 dw_2 - \lambda \int_D \tilde{u}^2 dx_1 dx_2 \right\} + 2I\beta\alpha(\dot{D})$$

$$\leq \beta^2 \left\{ \int_{\dot{D}} \operatorname{grad}^2 U dw_1 dw_2 - \lambda \int_{\dot{D}} U^2 dw_1 dw_2 \right\} + 2I\beta\alpha(\dot{D}) .$$

Da U eine Lösung von $\Delta U + \lambda U = 0$ in $\dot{D}$, $U = \alpha(\dot{D})$ auf $\partial\dot{D}$ und

$-\oint\limits_{\partial\dot{D}} \frac{\partial U}{\partial n} ds = I$ ist, folgt:

$$\int\limits_{\dot{D}} \text{grad}^2 U dw_1 dw_2 - \lambda \int\limits_{\dot{D}} U^2 dw_1 dw_2 = -\alpha(\dot{D}) I$$

und daraus

$$(4.4) \qquad \alpha(D) I \leq -\beta^2 \alpha(\dot{D}) I + 2I\beta\alpha(\dot{D}) .$$

Da $\alpha(\dot{D}) \geq 0$, folgt aus (4.4) die Behauptung. $\dot{R}$ lässt sich für eine Reihe einfacher Gebiete berechnen (vgl. [7]). Für den Randwert $\alpha(D)$ der variationellen Lösung erhält man auf Grund von Korollar 3.1 und Satz 4.1 die Einschliessung

$$(4.3) \qquad \alpha(D^*) \leq \alpha(D) \leq \alpha(\dot{D}).$$

<u>Numerische Beispiele</u> Wir wählen $\lambda = I = 1$.

(A) <u>Quadrat</u>
Seitenlänge a, Fläche $A = a^2$, $R = a/\sqrt{\pi}$, $\dot{R} = 0.539a$

a	R	$\alpha(D^*)$	$\dot{R}$	$\alpha(\dot{D})$
1	0.56	0.99	0.54	1.04
3	1.69	0.06	1.62	0.07
4	2.26	0.01	2.16	0.02
5	2.82	-0.03	2.7	-0.02
20	11.28	-0.25	10.79	-0.24
100	56.42	-0.5	53.94	-0.49
2000	1128.37	-0.98	1078.70	-0.97

(B) Gleichseitiges Dreieck

Seitenlänge a, $A = \frac{a^2\sqrt{3}}{4}$, $R = \left(\frac{\sqrt{3}}{4\pi}\right)^{\frac{1}{2}} a$, $\dot{R} = 0.326a$

a	R	$\alpha(D^*)$	$\dot{R}$	$\alpha(\dot{D})$
1	0.37	2.17	0.33	3.18
3	1.11	0.22	0.98	0.29
5	1.86	0.04	1.63	0.08
10	3.71	-0.07	3.27	-0.05
100	37.12	-0.44	32.68	-0.42
1000	371.25	-0.80	326.80	-0.78

5. Ein Ergebnis von Stakgold

Stakgold [9] hat unter Verwendung des Hopf'schen Maximumprinzips folgenden Satz bewiesen:

SATZ 5.1 (Stakgold) In einem konvexen Gebiet mit dreimal stetig-differenzierbarem Rand genügen die Lösungen von (1.1) der Ungleichung

$$\text{grad}^2 u \leq \lambda\left\{u_{max}^2 - (u^+)^2\right\} .$$

Wie Stakgold bemerkt hat, lassen sich aus diesem Ergebnis Aussagen über die Lage von D^+ gewinnen.

Es sei δ_o der Abstand zwischen dem Rand von D^+ und der äusseren Randkurve ∂D. Mit $x_+ \in \partial D^+$ und $x_o \in \partial D$ bezeichnen wir die Punkte, für die $|x_+ - x_o| = \delta_o$, und $\frac{d}{dr}$ stellt die Ableitung in Richtung $x_o x_+$ dar.

Auf Grund von Satz 5.1 gilt in D^-: $\frac{du}{dr} < \sqrt{\lambda}\, u_{max}$.

Integriert man diese Ungleichung, so folgt

$$(5.1) \qquad -\alpha \leq \sqrt{\lambda}\, u_{max}\, \delta_o , \text{ falls } \lambda > \nu_1(D).$$

Es sei δ_1 der Abstand des Punktes, wo u sein Maximum annimmt, zum Rand ∂D. Aus ähnlichen Ueberlegungen wie zur Herleitung von (5.1) ergibt sich

$$(5.2)\quad \begin{cases} \frac{1}{\sqrt{\lambda}}\left\{-\frac{\alpha}{u_{max}}+\frac{\pi}{2}\right\}\le\delta_1\ , & \text{falls } \lambda>\nu_1(D) \\ \frac{1}{\sqrt{\lambda}}\left\{\frac{\pi}{2}-\arcsin\frac{\alpha}{u_{max}}\right\}\le\delta_1, & \text{falls } \lambda\le\nu_1(D) \end{cases}$$

Im nächsten Abschnitt leiten wir eine obere Schranke für u_{max} her, mit der wir dann δ_o abschätzen können.

6. Schranke für u_{max}

Es seien u und u^* variationelle Lösungen von (1.1) in D und D^*. Es gilt nun der folgende Zusammenhang zwischen u und u^*:

SATZ 6.1 Es sei R der Radius von D^*. Dann gilt:

$$u_{max}\le u^*_{max} = \begin{cases} \frac{I\,(\sqrt{\lambda})^{-1}}{2\pi R J_1(\sqrt{\lambda}\,R)}\ , & \text{falls } R\le j_o/\sqrt{\lambda} \\ \frac{I}{2\pi j_o J_1(\sqrt{\lambda}\,j_o)} & \text{sonst} \end{cases}$$

Beweis: Der Beweis beruht auf der Methode der Niveaulinientechnik [2]. Dazu führen wir die folgenden Bezeichnungen ein:

$$D(\mu) := \{x\in D\ :\ u(x)\ge\mu\}\ ,\quad \Gamma(\mu) := \partial D(\mu)$$

$$a(\mu) := \int_{D(\mu)} dx\qquad ,\quad \mu(a)\ \text{Inverse von } a(\mu)$$

Für fast alle $\mu\in(\alpha,u_{max})$ besteht die Formel [2]

$$(6.1)\qquad -\frac{1}{\mu'(a)} = \oint_{\Gamma(\mu)} \frac{ds}{|\text{grad } u|}\ .$$

Aus der Schwarz'schen Ungleichung ergibt sich

$$-\frac{1}{\mu'(a)} \geq \left\{ \oint_{\Gamma(\mu)} ds \right\}^2 \left(\oint_{\Gamma(\mu)} |\mathrm{grad}\, u| ds \right)^{-1} .$$

Um die rechte Seite dieser Ungleichung abzuschätzen, benötigen wir die isoperimetrische Ungleichung

$$\left\{ \oint_{\Gamma(\mu)} ds \right\}^2 \geq 4\pi a$$

und die Gauss'sche Formel

$$\oint_{\Gamma(\mu)} |\mathrm{grad}\, u| ds = - \int_{D(\mu)} \Delta u dx .$$

Diese Formel darf hier angewendet werden, da $\partial D^+ =: \Gamma(0)$ stückweise analytisch ist [6]. Folglich ist

$$(6.2) \qquad -\mu'(a) \leq \frac{-1}{4\pi a} \int_{D(\mu)} \Delta u dx \qquad \text{f.ü.}$$

Das Gleichheitszeichen gilt nur beim Kreis.

Es sei A^+ die Fläche von D^+. Mit * bezeichnen wir die entsprechenden Grössen in D^*.

<u>HILFSSATZ 6.1</u> $A^+ \geq A^{*+}$

<u>Beweis:</u> Die Ungleichung von Rayleigh-Faber-Krahn [7,2] besagt, dass für den kleinsten Eigenwert von (1.2) in einem beliebigen Gebiet B gilt: $\nu_1(B) \geq \nu_1(B^*)$. Folglich ist für $\lambda < \nu_1(D^*)$ auch $\lambda < \nu_1(D)$ und $A^+ = A = A^{*+}$, $A = \int_D dx$.
Falls $\nu_1(D^*) < \lambda \leq \nu_1(D)$, haben wir die Beziehung $A^+ = A > A^{*+}$.
Wenn $\lambda > \nu_1(D)$, gilt infolge der Ungleichung von Rayleigh-Faber-Krahn: $\lambda = \nu_1(D^+) \geq \frac{\pi j_0^2}{A^+}$. Andrerseits ist $\lambda = \nu_1(D^{*+}) = \frac{\pi j_0^2}{A^{*+}}$, womit der Hilfssatz bewiesen wäre.

Laut (6.2) und Hilfssatz 6.1 genügt $\delta(a) := \mu(a) - \mu^*(a)$

der Ungleichung

$$(6.3)\qquad -\delta'(a) \leq \frac{\lambda}{4\pi a}\int_0^a \delta(\beta)\,d\beta \quad \text{in } (0,A^{*+}),\ \delta(A^{*+}) \geq 0.$$

Der Beweis ist vollständig, wenn wir zeigen können, dass $\delta(0) \leq 0$. Wir führen diesen Beweis indirekt und nehmen an, dass $\delta(0) > 0$. Da nach Voraussetzung

$$\lambda\int_0^{A^+} \mu(a)\,da = I \quad \text{und} \quad \lambda\int_0^{A^{+*}} \mu^*(a)\,da = I\ ,$$

folgt nach Hilfssatz 6.1

$$(6.4)\qquad \int_0^{A^{*+}} \delta(a)\,da \leq 0\ .$$

$\delta(a)$ muss demnach in $(0, A^{*+})$ sein Vorzeichen wechseln. A_1 sei diejenige Zahl, für die

$$\delta(a) > 0 \text{ in } [0, A_1) \text{ und } \delta(A_1) = 0.$$

Setzen wir $D_1 := D(\mu(A_1))$ und entsprechend $D_1^* = D^*(\mu^*(A_1))$, dann sind u bzw. u^* Lösungen von

$$\Delta u + \lambda u = 0 \text{ in } D_1 \text{ bzw. } D_1^*,\ u = \mu(A_1) \text{ auf } \partial D_1 \text{ bzw. } \partial D_1^*\ .$$

Berücksichtigt man, dass $u > 0$ in D_1 und $u^* > 0$ in D_1^*, so kann ein Ergebnis aus [1,2] herbeigezogen werden, das besagt, dass

$$(6.5)\qquad \int_{D_1} u\,dx \leq \int_{D_1^*} u_1^*\,dx\ .$$

Wegen den Identitäten

$$\int_{D_1} u\,dx = \int_0^{A_1} \mu(a)\,da \quad \text{und} \quad \int_{D_1^*} u^* dx = \int_0^{A_1} \mu^*(a)\,da$$

führt (6.5) auf

$$(6.6) \qquad \int_0^{A_1} \delta(a)\,da \leq 0 \ ,$$

was im Widerspruch zu unserer Annahme $\delta(a)>0$ in $[0,A_1]$ steht.

Beispiele Wir setzen $\lambda = I = 1$.

(A) Quadrat
Seitenlänge a

a	u^*_{max}
1	1.09
3	0.17
4	0.13
5	0.127
.	"
.	"
.	"

(B) gleichseitiges Dreieck
Seitenlänge a

a	u^*_{max}
1	2.26
3	1.09
5	0.42
10	0.127
.	"
.	"
.	"

7. Ergänzungen

Aus Satz 6.1, Satz 4.1 und (5.1) folgt im Fall von konvexen Gebieten für den Abstand δ_0 zwischen D^+ und ∂D

$$(7.1) \qquad -\alpha(\dot{D}) \leq \sqrt{\lambda}\, u^*_{max}\, \delta_0 \ .$$

Beispiele Wir setzen wiederum $\lambda = 1$ und $I = 1$.

(A) Quadrat

Seitenlänge 2a

a	$-\alpha(\dot{D})/u^*_{max}$
2.5	0.16
10	1.89
200	5.67
1000	7.64

(B) gleichseitiges Dreieck

Seitenlänge a

a	$-\alpha(\dot{D})/u^*_{max}$
10	0.38
100	3.27
1000	6.15

Zu (5.2) sei bemerkt, dass für eine grosse Klasse von Gebieten δ_1 bekannt ist. Es gilt nämlich

SATZ 7.1 (Gidas-Ni-Nirenberg [6]).
In einem konvexen Gebiet, das symmetrisch ist bezüglich zweier Achsen, erreicht u sein Maximum beim Schnittpunkt der beiden Symmetrieachsen.

In dem Fall liefert (5.2) eine Abschätzung für $\frac{\alpha}{u_{max}}$ nach unten.

Beispiele Wir setzen $\lambda = 1$ und $I = 1$ und betrachten Beispiele, für die $\lambda > \nu_1(D)$. In dem Fall gilt $-\frac{\alpha}{u_{max}} \leq \delta_1 - \frac{\pi}{2} =: c$.

(A) Quadrat

Seitenlänge 2a

a	c
5	3.429
10	8.429
100	98.429

(B) gleichseitiges Dreieck

Seitenlänge a

a	c
10	1.316
20	4.203
200	56.164

(C) Ellipse Halbachsen a, b, wobei $a < b$

a	c
5	3.429
10	8.429
100	98.429

Literaturverzeichnis

[1] Bandle, C.: Bounds for the solutions of boundary value problems, J. Math. Anal. Appl. 54 (1976), 706-716.

[2] Bandle, C.: Isoperimetric inequalities and applications, London, Pitman 1980.

[3] Gallouet, T.: Quelques résultats sur une équation apparaissant en physique des plasmas, C.R. Acad. Sc. Paris, 286 (1978), 739-743.

[4] Gidas, B., Ni, W., Nirenberg, L.: Symmetry and related properties via the maximum principle, Comm. Math. Phys. 68 (1979), 209-243.

[5] Hayman, W.K.: Multivalent functions, Cambridge University Press 1958.

[6] Kinderlehrer, D., Nirenberg, L., Spruck, J.: Regularity in elliptic free boundary problems I, J. d'Anal. Mathé. 34 (1978), 86-119.

[7] Pòlya, G., Szegö, G.: Isoperimetric Inequalities in mathematical physics, Princeton University Press 1951.

[8] Schaeffer, D.G.: Non-uniqueness in the equilibrium shape of a confined plasma, Comm. Part. Diff. Equ. 2 (1977), 587-600.

[9] Stakgold, J.: Gradient bounds for plasma confinement, Math. Meth in the Appl. Sci. 2 (1980), 68-72.

[10] Temam, R.: A nonlinear eigenvalue problem: the shape at equilibrium of a confined plasma, Arch. Rat. Mech. Anal. 60 (1975), 51-73.

[11] Temam, R.: Remarks on a free boundary value problem arising in plasma physics, Comm. Part. Diff. Equ. 2 (1977), 563-585.

Prof. Dr. C. Bandle
Mathematisches Institut
der Universität Basel
Rheinsprung 21
CH-4051 Basel

SOLUTION OF THE INVERSE EIGENVALUE PROBLEM OF A VIBRATING CONTINUUM WITH THE METHOD OF INTERMEDIATE OPERATORS

Adam Bosznay

The problem of searching into the unknown "shape" of a continuum to have prescribed eigenvalues will be identified with an eigenvalue problem belonging to an intermediate problem in the sense of Weinstein, Bazley and Fox. Those eigenvalues of this latter are prescribed, which are defined by a linear algebraic eigenvalue problem. A special base operator enables the prescribed m eigenvalues to be the first m ones of the structure to be designed. Unknown parameters of the shape are looked for in an appropriate family of functions. A nonlinear algebraic system of equations is obtained for the unknown coefficients. Method is illustrated with a straight rod performing plane flexural vibration. A numerical example is given.

1. Introduction, objective

Solution methods of inverse eigenvalue problems dealing with continuums are generally iterative in character. Niordson's method [4] seems to be the most practical one among them. He starts from an eigenvalue problem with known eigenvalues and modifies it step by step. In each step all relevant eigenvalues are altered. After each step a new eigenvalue problem has to be solved. Convergence of this method is not proved as yet.

Author proposes to problem's solution method of intermediate operators. Weinstein, Bazley and Fox constructed this method to the calculation of improvable one-sided bounds of eigenvalues of certain /given/ eigenvalue problems. From our point of view the most essential property of such an intermediate task is that its eigenvalues result from two eigenvalue problems and one of them is a finite algebraic one. Let us designate the order of this latter with m_o.

Our proposal identifies the wanted problem /having a number of m prescribed eigenvalues/ with a certain intermediate task and prescribes those eigenvalues of this, which result from a linear algebraic eigenvalue problem. To become these prescribed eigenvalues as the first m eigenvalues of the wanted task, a specially constructed base problem is necessary. In the last step we look for the variable coefficients of the operators /figuring in the task sought for/ in a certain family of functions.

Solution method will be illustrated by looking for the shape of a straight rod /with length 2ℓ/ fixed by hinges on its ends in connection with the eigenvalue problem of plane flexural vibrations. Taking [2], [3] into consideration design of a space frame structure with prescribed vibrational eigenfrequencies seems to be possible.

2. The illustrative problem

Let $v(z)$ be amplitude of the free sine transversal vibration of the rod's axis, $I(z)$ the /unknown/ area moment of inertia about the cross section's neutral axis, $A(z)$ the /unknown/ area of the cross section; ρ the density, E the Young's modulus of the rod's material. According to the Euler-Bernoulli beam model our starting equations are

$$\left(\underline{A} - \alpha^2 \underline{B}\right) v = 0, \qquad \underline{K}\, v = 0, \qquad /1/$$

where $\underline{A}\,\cdot = \left[EI(z)\,\cdot\,''\right]''$, $\underline{B}\,\cdot = \rho A(z)\,\cdot$; α^2 is the eigenvalue /α is the natural circular frequency/, the $'$ means differentiation with respect to z, and the second equation in /1/ symbolizes boundary conditions $v(-\ell) = 0$, $v(\ell) = 0$, $v''(-\ell) = 0$, $v''(\ell) = 0$.

In the examples of [4] in connection with rods subcase of

the "similar" cross sections is considered, i.e. the case characterized by the equations:

$$I(z) = \beta^2(z)\, I_o, \quad A(z) = \beta(z)\, A_o,$$

where I_o and A_o are given constants and $\beta(z)$ is unknown.

Let us designate the unknown eigenvalues with $\alpha_1^2 \leq \alpha_2^2 \leq \dots$, and the prescribed eigenvalues with

$$\alpha_{p1}^2 \leq \alpha_{p2}^2 \quad \dots ;$$

our problem is to determine $EI(z) > 0$, $\rho A(z) > 0$ such that

$$\alpha_i^2 = \alpha_{pi}^2 , \qquad i = 1,2,\dots,m \qquad /2/$$

3. Choice of a base problem

As it is well known [1], a so called base problem plays an important role by the method of intermediate operators. By our inverse eigenvalue problem this base problem is unknown too.

Having the intention to identify our problem with an intermediate one, we have two possibilities; our choice is to apply an intermediate problem in connection with the calculation of /improvable/ lower bounds.

We write the base problem in demand in the form $(\underline{A}_a - \alpha^2\, \underline{B}_a)\, v = 0$, $\underline{K}\, v = 0$ requiring that a sufficient number of its eigenvalues α_{ai}^2 and eigenvectors u_{ai} be computable with a prescribed accuracy. From the definition of the base problem /which is necessary to lower bound calculations/ follows

$$\alpha_{ai}^2 \leq \alpha_i^2 ,$$

which gives with /2/ the prescription:

$$\alpha_{ai}^2 \leq \alpha_{pi}^2 , \qquad i = 1,2,\dots,m. \qquad /3/$$

It is practical to choose

$$m_o = m.$$

As said in 1., we propose to prescribe those eigenvalues of an intermediate problem, which result from a linear algebraic eigenvalue problem. For, by the method of intermediate operators utilyzing the "special choice" of Bazley and Fox, eigenvalues

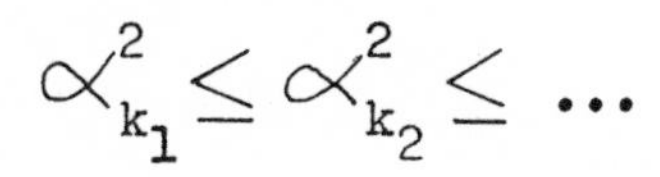

$$\alpha^2_{k_1} \leq \alpha^2_{k_2} \leq \dots$$

of an intermediate problem originate from two sets. One of these sets is:

$$\alpha^2_{ai}, \quad i = m_o + 1, m_o + 2, \dots;$$

the elements of the other set can be computed from a linear algebraic eigenvalue problem of order m_o. Let us denote these latter ones by

$$\alpha^2_{k_1 k_2 j}, \quad j = 1,2,\dots,m_o.$$

Indices k_1 and k_2 express the fact that these values can depend from two integers k_1, k_2.

α^2_{ki}, $i = 1,2,\dots$ is the union of the former two sets ordered according to the size of the elements.

An important inequality following from the theory [1] is:

$$\alpha^2_{k_1 k_2 j} \geq \alpha^2_{aj}, \quad j = 1,2,\dots,m_o. \qquad /4/$$

According to the last but one indent of the Introduction we prescribe $\alpha^2_{k_1 k_2 j}$ $/j = 1,2,\dots,m_o/$, moreover we demand that these have to be the first m eigenvalues of our intermediate problem, that is

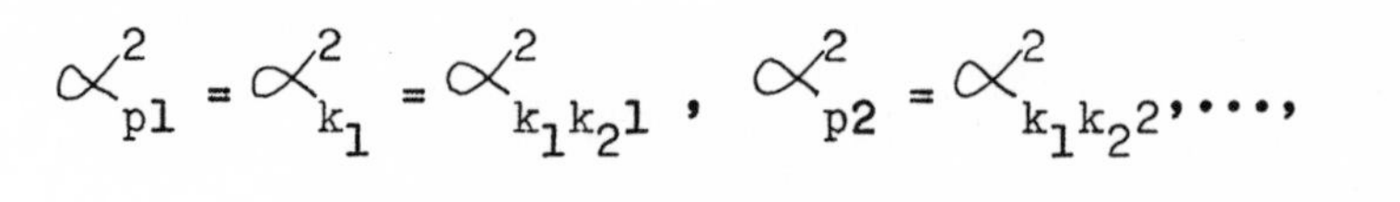

$$\alpha^2_{pm} = \alpha^2_{km} = \alpha^2_{k_1k_2m} \,. \qquad /5/$$

A necessary condition to satisfy /5/ is:

$$\alpha^2_{a,m+1} > \alpha^2_{pm} \,. \qquad /6/$$

This can be atteined by a specially constructed base operator $\underline{B}_a$.

We shall satisfy /3/ and /6/ in generally in two steps.

In the first step we construct an "experimental" base problem and in the second one we modify it if necessary.

Let us take in the first step as an experimental base problem /designating its eigenvalues and eigenelements by a star/:

$$EI_a \, v^{IV} - \alpha^{*2}_a \, \varrho \, A_a \, v = 0, \qquad \underline{K} \, v = 0, \qquad /7/$$

where EI_a = const., ϱA_a = const. Physical meaning of the structure coordinated to this problem is a rod with constant cross section and with the same boundary conditions as /1/.

Eigenvalues α^{*2}_{ai} and eigenelements u^*_{ai} of /7/ can be written explicitely:

$$\alpha^{*2}_{ai} = \frac{EI_a}{\varrho A_a} \, \frac{i^4 \pi^4}{2^4 \ell^4} \,, \qquad i = 1,2,3,\ldots,$$

$$u^*_{ai} = \frac{1}{\sqrt{\varrho A_a \ell}} \begin{Bmatrix} \sin \\ \cos \end{Bmatrix} \frac{i\pi}{2\ell} \, z \,, \qquad i = \begin{cases} 2,4,6,\ldots, \\ 1,3,5,\ldots \,. \end{cases} \qquad /8/$$

These eigenelements are normed according to the scalar product

$$\left(u^*_{ai}, \varrho A_a u^*_{ai}\right) = \int_{-\ell}^{\ell} u^*_{ai} \varrho A_a u^*_{ai} \, dz, \quad i = 1,2,3,\dots . \qquad /8a/$$

We work in the Hilbert space defined in [1].

This experimental base problem can satisfy easily /3/, for example it is sufficient if

$$\frac{EI_a}{\varrho A_a} \frac{m^4 \pi^4}{2^4 \ell^4} \leq \alpha^2_{pl} .$$

From this inequality - not uniquely - appropriate EI_a and ϱA_a can be chosen. /One further requirement would be able to satisfy too./

We have to check, if with such an $EI_a/\varrho A_a$ /6/ is - writing $\alpha^{*2}_{a,m+1}$ in place of $\alpha^2_{a,m+1}$ - valid or not. If yes, our experimental base problem is suitable for our purposes, and we can choose

$$\alpha^2_{ai} = \alpha^{*2}_{ai} , \quad u_{ai} = u^*_{ai} , \quad i = 1,2,\dots,m,\dots, \qquad /8b/$$

consequently

$$\underline{A}_a \cdot = \left(EI_a \cdot ''\right)'', \quad \underline{B}_a = \varrho A_a \cdot . \qquad /9/$$

If /6/ is not satisfied with our experimental base operator, to have a suitable base problem an artificial shifting of the experimental base problem's eigenvalues is necessary:

$$\alpha^2_{ai} = s_i \alpha^{*2}_{ai} ,$$

where

$$s_i \begin{cases} = 1, & i = 1,2,\dots,m, \\ > \dfrac{\alpha^2_{pm}}{\alpha^{*2}_{a,m+1}} > 1, & i = m+1, m+2,\dots . \end{cases} \qquad /10/$$

Eigenelements of the base operator can remain the same as before:

$$u_{ai} = u_{ai}^{*}, \qquad i = 1,2,\dots,m,\dots$$

Operators of our base problem will be in this case as can be proved shortly:

$$\underline{A}_a \cdot = \left(EI_a \cdot ''\right)'', \quad \underline{B}_a \cdot = \sum_{i=1}^{\infty} s_i \left(\cdot , \varrho A_a u_{ai}\right) \varrho A_a u_{ai} \cdot \qquad /11/$$

The parantheses here mean the same scalar product as in /8a/.

In this latter case a rod with varying cross section can be coordinated to the base problem as a mechanical picture. It is not necessary to know explicitely cross section's law of change.

In the following we deal of this more complicated case.

4. The intermediate eigenvalue problem and a subset of its eigenvalues

There are a few possibilities to select the form of the intermediate operators; the below choice is explained by the fact that subsequent calculations seem to be relatively simple. The intermediate eigenvalue problem shall be taken in the form:

$$\left[\underline{A}_a + \underline{R}_a^{adj} \underline{P}_{ck_1} \underline{R}_a - \alpha^2\left(\underline{B}_a - \underline{M}_a^{1/2} \underline{P}_{mk_2} \underline{M}_a^{1/2}\right)\right] v = 0, \ \underline{K}\, v = 0, \qquad /12/$$

where $\underline{R}_a$ is defined by $\left(\underline{R}_a v, \underline{R}_a v\right) = \left(\underline{C}_a v, v\right)$; v being element of the domain of $\underline{C}_a$. Here $\underline{C}_a \cdot = \underline{A} - \underline{A}_a \cdot$. Definition of $\underline{M}_a$ is: $\underline{M}_a \cdot = \underline{B}_a - \underline{B} \cdot$. $\underline{M}_a$ is a positive operator namely a short calculation shows that for u in the domain of $\underline{M}_a$:

$$\left(\underline{M}_a u, u\right) = \sum_{i=1}^{\infty} a_i^2 \left(s_i - 1\right),$$

where a_i are coefficients of u according to the complete orthonormal set of functions u_{ai}. $\sum_i a_i^2$ is therefore convergent /Parsival's equality/, and the factor $s_i - 1 = 0$ for $i = 1,2,\dots,m$ and $s_i - 1 > 1$ for $i = m+1, m+2,\dots,$ so convergence will be not modified, and the sum remains positive.

Further $\underline{R}_a^{adj}$ is the adjoint operator of $\underline{R}_a$ i.e.:

$$\underline{R}_a^{adj} \cdot = \left[\left(EI(z) - EI_a\right)^{\frac{1}{2}} \cdot \right]'' ,$$

and the /adjoint/ boundary conditions belonging to this operator are:

$$\left(EI(\ell) - EI_a\right)^{\frac{1}{2}} u(\ell) = 0, \qquad \left(EI(-\ell) - EI_a\right)^{\frac{1}{2}} u(-\ell) = 0.$$

We shall satisfy these conditions by choosing elements u, for which

$$u(\ell) = 0, \qquad u(-\ell) = 0. \qquad /13/$$

Existence of $\underline{M}_a^{1/2}$, $\underline{M}_a^{-1/2}$, $\underline{M}_a^{-1}$ follows from the positivity of $\underline{M}_a$; their explicit form is not necessary to the present calculations.

$\underline{P}_{ck_1}$ is a projector of rank k_1, its bases are linearly independent elements $c_1,\dots,c_{k_1}$ satisfying /13/; $\underline{P}_{ck_2}$ however is one of rank k_2, its bases are linearly independent elements $m_1,\dots,m_{k_2}$ in the domain of $\underline{M}_a^{1/2}$. Instead of these latter we introduce elements $p_j = \underline{M}_a^{1/2} m_j$, $j = 1,2,\dots,k_2$, where $\underline{M}_a^{1/2}$ is positive symmetric.

A subset of the eigenvalues of /12/ can be derived from a linear algebraic eigenvalue problem of order m, if c_j and m_j /i.e. p_j/ satisfy the following /Bazley-Fox's/ equations /where $\gamma_{j\nu}$ and $\beta_{j\mu}$ are real constants to be determined later/:

$$\underline{R}_a^{adj}\, c_j = \sum_{\nu=1}^{m} \gamma_{j\nu}\, \underline{B}_a\, u_{a\nu}\,, \qquad j = 1,2,\ldots,k_1\,,$$

$$p_j = \underline{M}_a^{1/2}\, m_j = \sum_{\mu=1}^{m} \beta_{j\mu}\, \underline{B}_a\, u_{a\mu}\,, \qquad j = 1,2,\ldots,k_2\,. \qquad /14/$$

These eigenvalues are roots $\alpha_{k_1k_2}^2$ of the following equation:

$$\left| \underline{\mathcal{A}}_a + \underline{\mathcal{G}}^T \underline{\mathcal{C}}\, \underline{\mathcal{G}} - \alpha_{k_1k_2}^2 \left[\underline{\mathcal{E}} - \underline{\mathcal{B}}^T \underline{\mathcal{M}}\, \underline{\mathcal{B}} \right] \right| = 0, \qquad /15/$$

where

$$\underline{\mathcal{A}}_a = \begin{bmatrix} \alpha_{a1}^2 & & & 0 \\ & \alpha_{a2}^2 & & \\ & & \ddots & \\ 0 & & & \alpha_{am}^2 \end{bmatrix}, \qquad \underline{\mathcal{G}}^T = \begin{bmatrix} \gamma_{11} & \cdots & \gamma_{1k_1} \\ \vdots & & \vdots \\ \gamma_{m1} & \cdots & \gamma_{mk_1} \end{bmatrix},$$

$$\underline{\mathcal{E}} = \begin{bmatrix} 1 & & 0 \\ & 1 & \\ & & \ddots \\ 0 & & 1 \end{bmatrix}, \qquad \underline{\mathcal{B}}^T = \begin{bmatrix} \beta_{11} & \cdots & \beta_{1k_2} \\ \vdots & & \vdots \\ \beta_{m1} & \cdots & \beta_{mk_2} \end{bmatrix},$$

$\underline{\mathcal{C}}$ is the inverse of the Gramian matrix composed of vectors c_j ; $\underline{\mathcal{M}}$ is the inverse of another Gramian matrix composed of vectors m_j /i.e. $\underline{M}_a^{1/2}\, p_j$/.

5. Assumption for the solution of the inverse problem

We shall look for the unknown functions $EI(z)$ and $\rho A(z)$ in certain family of functions. To satisfy inequalities /4/ it is sufficient if in $-\ell \leq z \leq \ell$

$$EI(z) - EI_a \geq 0, \qquad \rho A_a - \rho A(z) \geq 0. \qquad /16/$$

The following assumptions with unknown coefficients $e_o, e_1, \ldots, r_o, r_1, \ldots,$ and unknown exponents n_1, n_2 can be one of the most simple possibilities to satisfy /16/ and make possible the further steps of calculation:

$$EI(z) - EI_a = \frac{1}{\left(e_o + e_1 z + e_2 z^2 + \ldots + e_{n_1-1} z^{n_1-1}\right)^2},$$

/17/

$$\varrho A_a - \varrho A(z) = \frac{1}{\left(r_o + r_1 z + r_2 z^2 + \ldots + r_{n_2-1} z^{n_2-1}\right)^2}.$$

Solution of our problem is equivalent to the determination of $e_o, \ldots, r_o, \ldots, n_1, n_2$, if these happen to be real and such that above denumerators have no roots in $-\ell \leq z \leq \ell$.

Inserting $/17_1/$ in $/14_1/$, then using /11/, /8/, /8b/ and integrating twice and choosing integration constants zeros, we have

$$c_j = -\left(e_o + \ldots + e_{n_1-1} z^{n_1-1}\right) \frac{4\ell^2}{\pi^2} \sqrt{\frac{\varrho A_a}{\ell}} \sum_{\nu=1}^{m} \frac{\gamma_{j\nu}}{\nu^2} \begin{Bmatrix} \sin \\ \cos \end{Bmatrix} \frac{\nu\pi}{2\ell} z,$$

/18/

$$j = 1,2,\ldots,k_1, \qquad \nu = \begin{cases} 2,4,6,\ldots, \\ 1,3,5,\ldots \end{cases}$$

By these c_j -s adjoint boundary conditions /13/ are fulfilled.

Right side of /18/ is a linear combination of m functions $/\nu = 1,2,\ldots,m/$

$$\sum_{k=0}^{n_1-1} e_k z^k \frac{1}{\nu^2} \begin{Bmatrix} \sin \\ \cos \end{Bmatrix} \frac{\nu\pi}{2\ell}, \qquad \nu = \begin{cases} 2,4,6,\ldots, \\ 1,3,5,\ldots . \end{cases}$$

These are linearly independent in $-\ell \leq z \leq \ell$, if at least one single $e_k \neq 0$. /18/ defines a number $k_1 \leq m$ linearly independent c_j-s, if rank$(\mathcal{G}) = k_1$. From this condition - not uniquely - $\mathcal{G}$ can be computed.

Elements of $\underline{\mathcal{C}}^{-1}$ are:

$$(c_k, c_\ell) = A_1^{k\ell} e_o^2 + A_2^{k\ell} 2e_1e_o + A_3^{k\ell}\left(2e_oe_2 + e_1^2\right) + $$
$$+ A_4^{k\ell} 2\left(e_oe_3 + e_1e_2\right) + A_5^{k\ell}\left[2\left(e_oe_4 + e_1e_3\right) + e_2^2\right] + \ldots +$$
$$+ A_{2n_1-1}^{k\ell} e_{2n_1-1}^{2(n_1-1)} , \qquad /19/$$

where $A_i^{k\ell}$ arise from numerical integrations.

Changing over to the calculation of the elements

$$\left(p_k, \underline{M}_a^{-1} p_\ell\right) \qquad /20/$$

of $\underline{\mathcal{M}}^{-1}$ results become similarly.

To this purpose we need first $\underline{M}_a^{-1} p_\ell$. We show how to get this without previous explicit calculation of the operator $\underline{M}_a^{-1}$.

Writing in $/14_2/$ ℓ in place of j and then applying $\underline{M}_a^{-1}$ we get:

$$\underline{M}_a^{-1} p_\ell = \varrho A_a \sum_{\mu=1}^{m} \beta_{\ell\mu} \underline{M}_a^{-1} u_{a\mu} . \qquad /21/$$

To calculate $\underline{M}_a^{-1} u_{a\mu}$ we observe that range of $\underline{M}_a^{-1}$ is the domain of $\underline{M}_a$ and therefore it can be expressed as

$$\underline{M}_a^{-1} u_{a\mu} = \sum_{j=1}^{\infty} \varepsilon_j u_{aj} \qquad /22/$$

with coefficients ε_j to be determined.

Applying $\underline{M}_a$ to /22/ and using $\underline{B}_a$-s form according to /11/

$$\underline{M}_a \cdot = \left(\underline{B}_a - \underline{B}\right) \cdot = \sum_{i=1}^{\infty} s_i\left(\cdot , \varrho A_a u_{ai}\right) \varrho A_a u_{ai} - \varrho A \cdot ,$$

then taking into consideration orthogonality of u_{ai} -s we get

$$\varepsilon_j = 0 \quad \text{if} \quad j \neq \mu \quad \text{and} \quad \varepsilon_\mu = \frac{1}{\varrho A_a - \varrho A} .$$

Inserting this expression in /22/ and then this latter in /21/ and using /17$_2$/ we obtain

$$\underline{M}_a^{-1} p_\ell = \varrho A_a \sum_{\mu=1}^{m} \beta_{\ell\mu} \frac{1}{\varrho A_a - \varrho A} u_{a\mu} =$$

$$= \left(\varrho A_a r_o + r_1 z + r_2 z^2 + \dots + r_{n_2-1} z^{n_2-1}\right)^2 \sum_{\mu=1}^{m} \beta_{\ell\mu} u_{a\mu} .$$

With this latter elements /20/ can be expressed as follows:

$$\left(p_k, \underline{M}_a^{-1} p_\ell\right) = B_1^{k\ell} r_o^2 + B_2^{k\ell} 2r_1 r_o +$$

$$+ B_3^{k\ell}\left(2r_o r_2 + r_1^2\right) + B_4^{k\ell} 2\left(r_o r_3 + r_1 r_2\right) +$$

$$+ B_5^{k\ell}\left[2\left(r_o r_4 + r_1 r_3\right) + r_2^2\right] + \dots +$$

$$+ B_{2n_2-1}^{k\ell} r_{2n_2-1}^{2(n_2-1)} ,$$

where $B_i^{k\ell}$ contain also $\beta_{\ell\mu}$ and are results of numerical integration.

To get $\beta_{\ell\mu}$ we observe that using /14$_2$/ and /11/, and writing ℓ in place of j:

$$p_\ell = \sum_{\mu=1}^{m} \beta_{\ell\mu} \underline{B}_a u_{a\mu} =$$

$$= \sum_{\mu=1}^{m} \beta_{\ell\mu} \sum_{i=1}^{\infty} s_i\left(u_{a\mu}, \varrho A_a u_{ai}\right) \varrho A_a u_{ai} =$$

$$= \sum_{\mu=1}^{m} \beta_{\ell\mu} \varrho A_a u_{a\mu}, \qquad /23/$$

where orthogonality relations of u_{ai} -s and /10/ are employed.

$u_{a\mu}$ -s are linearly independent, and as we need a number of k_2 linearly independent p_j -s $k_2 \leq m$ must be valid and $\mathrm{rank}(\underline{\mathcal{B}}) = k_2$. From this - not uniquely - $\beta_{\ell\mu}$ can be determined.

6. Solution of the problem

First a linear algebraic eigenvalue problem of order m with given eigenvalues α_{pi}^2 /i = 1,2,...,m/ must be constructed.

$$\left(\underline{\mathcal{A}}_m - \alpha^2 \underline{\mathcal{B}}_m\right) \underline{y} = \underline{0}$$

is such a one, if both matrices figuring here are diagonal and their elements a_{ii} respectively b_{ii} fulfil:

$$a_{ii}/b_{ii} = \alpha_{pi}^2, \qquad i = 1,2,\ldots,m.$$

If numerical points of view make it necessary instead of them $\underline{\mathcal{R}}^T \underline{\mathcal{A}}_m \underline{\mathcal{R}}$ and $\underline{\mathcal{R}}^T \underline{\mathcal{M}}_m \underline{\mathcal{R}}$ can be used with an arbitrary real nonsingular $\underline{\mathcal{R}}$.

Then we seek $\underline{\mathcal{C}}$ and $\underline{\mathcal{M}}$ such that /see /15//:

$$\underline{\mathcal{A}}_a + \underline{\mathcal{G}}^T \underline{\mathcal{C}} \underline{\mathcal{G}} = \underline{\mathcal{R}}^T \underline{\mathcal{A}}_m \underline{\mathcal{R}}, \qquad /24_1/$$

$$\underline{\mathcal{E}} - \underline{\mathcal{B}}^T \underline{\mathcal{M}}\,\underline{\mathcal{B}} = \underline{\mathcal{R}}^T \underline{\mathcal{B}}_m \underline{\mathcal{R}} . \qquad /24_2/$$

According to our prescriptions: $\mathrm{rank}(\underline{\mathcal{G}}) = k_1$, $\mathrm{rank}(\underline{\mathcal{B}}) = k_2$, $k_1, k_2 \leq m$ $\underline{\mathcal{G}}^T$ and $\underline{\mathcal{B}}^T$ have left, $\underline{\mathcal{G}}$ and $\underline{\mathcal{B}}$ however right inverses [5] and $/24_1/$ can be multiplied from the left with the left inverse of $\underline{\mathcal{G}}^T$ and from the right with the right inverse of $\underline{\mathcal{G}}$. Similarly we multiply $/24_2/$ with the left respectively right inverse of $\underline{\mathcal{B}}^T$ respectively $\underline{\mathcal{B}}$. From these equations $\underline{\mathcal{C}}$ and $\underline{\mathcal{M}}$ can be expressed:

$$\underline{\mathcal{C}} = \left(\underline{\mathcal{G}}\,\underline{\mathcal{G}}^T\right)^{-1} \underline{\mathcal{G}} \left(\underline{\mathcal{R}}^T \underline{\mathcal{A}}_m \underline{\mathcal{R}} - \underline{\mathcal{A}}_a\right) \underline{\mathcal{G}}^T \left(\underline{\mathcal{G}}\,\underline{\mathcal{G}}^T\right)^{-1}$$

$$\underline{\mathcal{M}} = \left(\underline{\mathcal{B}}\,\underline{\mathcal{B}}^T\right)^{-1} \underline{\mathcal{B}} \left(\underline{\mathcal{E}} - \underline{\mathcal{R}}^T \underline{\mathcal{B}}_m \underline{\mathcal{R}}\right) \underline{\mathcal{B}}^T \left(\underline{\mathcal{B}}\,\underline{\mathcal{B}}^T\right)^{-1} . \qquad /25/$$

Right sides of /25/ consist of numerically known matrices and must be invertible because $\underline{\mathcal{C}}$ and $\underline{\mathcal{M}}$ are nonsingular. Right sides of /25/ are product of three quadratic factors and therefore

$$\underline{\mathcal{C}}^{-1} = \underline{\mathcal{G}}\,\underline{\mathcal{G}}^T \left[\underline{\mathcal{G}} \left(\underline{\mathcal{R}}^T \underline{\mathcal{A}}_m \underline{\mathcal{R}} - \underline{\mathcal{A}}_a\right) \underline{\mathcal{G}}^T\right]^{-1} \underline{\mathcal{G}}\,\underline{\mathcal{G}}^T ,$$

$$\underline{\mathcal{M}}^{-1} = \underline{\mathcal{B}}\,\underline{\mathcal{B}}^T \left[\underline{\mathcal{B}} \left(\underline{\mathcal{E}} - \underline{\mathcal{R}}^T \underline{\mathcal{B}}_m \underline{\mathcal{R}}\right) \underline{\mathcal{B}}^T\right]^{-1} \underline{\mathcal{B}}\,\underline{\mathcal{B}}^T . \qquad /26/$$

/26/ contain on the left sides the unknown coefficients $e_o, e_1, \ldots ; r_o, r_1, \ldots$. Because of the symmetry of $\underline{\mathcal{C}}$ and $\underline{\mathcal{M}}$ $/26_1/$ gives $(k_1^2 + k_1)/2$, $/26_2/$ however $(k_2^2 + k_2)/2$ nonlinear algebraic equations for e_i respectively r_i. If no further prescriptions are to be satisfied it is practical therefore to choose

$$n_1 = \frac{k_1^2 + k_1}{2} , \qquad n_2 = \frac{k_2^2 + k_2}{2} .$$

Posing other constraints, for instance in connection with the weight of the rod, n_1 and n_2 can be chosen appropriately larger.

7. The nonlinear equations

In this paragraph we only intend to investigate some properties of the solution. Numerical solution seems to be more efficient by applying some iterative method directly to equs. /26/.

/Namely it will be seen: in the investigations of this paragraph we are led to a more complicated system of nonlinear algebraic equations than the original /26/ ones./

It will be enough to consider equ. $/26_1/$.

Let us denote by c_{ij} known elements of $/26_1/$'s right side. Then for instance by $k_1 = 2$, $n_1 = \left(k_1^2+k_1\right)/2 = 3$ these equations have the following form

$$\underline{\underline{A}}\ \underline{e} = \underline{c} ,$$

where

$$\underline{\underline{A}} = \begin{bmatrix} A_1^{11} & A_2^{11} & A_3^{11} & A_4^{11} & A_5^{11} \\ A_1^{12} & A_2^{12} & A_3^{12} & A_4^{12} & A_5^{12} \\ A_1^{22} & A_2^{22} & A_3^{22} & A_4^{22} & A_5^{22} \end{bmatrix} ,$$

$$\underline{e}^T = \left[e_o^2,\ 2e_1e_o,\ 2e_oe_2 + e_1^2,\ 2e_1e_2,\ e_2^2 \right] ,$$

$$\underline{c}^T = \left[c_{11},\ c_{12},\ c_{22} \right] ,$$

and A_k^{ij} are defined by /19/. /A similar system of equations can be obtained from $/26_2/$ for $k_2 = 2$, $n_2 = 3$./

In generally $\underline{\underline{A}}$ is an $\left(n_1,\ 2n_1 - 1\right)$ matrix, i.e. a lying rectangular one. Solution exists if and only if $\operatorname{rank}\left[\underline{\underline{A}},\ \underline{c}\right] =$

$= \text{rank}(\underline{\underline{A}})$, and the general solution contains $2n_1-1-\text{rank}(\underline{\underline{A}})$ free parameters.

In case of the existence of solution - because $\underline{\underline{A}}$ and $\underline{c}$ are real - elements of $\underline{e}$ will be real too, if the free parameters are real.

Switching over in this case to the determination of $e_o, e_1, \ldots, e_{n_1-1}$ we have $2n_1-1$ nonlinear equations for the n_1 unknowns. Let us denote by $h_1, h_2, \ldots, h_{n_1-1}$ /which depend on $2n_1-1-\text{rank}(\underline{\underline{A}})$ free parameters/ the right sides of these equations. Beginning the solution procedure with the first equation we can express e_o with the aid of the free parameters. Continuing with the second equation we get an equation between e_1 and the free parameters, and so on; the n_1th equation expresses e_{n_1-1} with the free parameters. The remaining $2n_1-1-n_1 = n_1-1$ equations will be a system of complicated nonlinear algebraic equations for the free parameters. /There is always a sufficient number of parameters, because $\max \text{rank}(\underline{\underline{A}}) = n_1$./ If from these equations the free parameters turn out to be such that each h_i will be real, and h_1 will be positive, then each e_i /$i = 1,2,\ldots,n_1-1$/ will be real.

The above investigations show that several reasons can arise by which /26_1/ has not a physically interpretable solution, or has no solution at all, and this fact can show itself applying an iterative numerical solution method for /26/.

8. Numerical example

In our example the prescribed natural circular frequencies are:

$$\alpha_{p1} = 9{,}871 \text{ s}^{-1}, \qquad \alpha_{p2} = 19{,}88 \text{ s}^{-1}.$$

Material constants are: $E = 2 \cdot 10^{11}$ N m^{-2}, $\rho = 7850$ kg m^{-3}; half length of the rod is: $\ell = 1$ m. Rod is hinged on both ends.

Base problem's data are: $EI_a = 1200$ Nm^2, $\rho A_a = 300$ kg m^{-1}; $\alpha_{a1} = 4{,}935$ s^{-1}, $\alpha_{a2} = 19{,}74$ s^{-1}. We have chosen $k_1 = k_2 = m = m_0 = 2$, and $\mathcal{G} = \mathcal{B} = \mathcal{E}$. Programming language was SIMULA 67, and computer CDC 3300 was used. Numerical integrations were made by Romberg's method, solution of the nonlinear algebraic equations was performed by Brown's method [Kenneth M. Brown: Computer oriented algorithms for solving systems of simultaneous nonlinear algebraic equations in: Numerical solution of systems of nonlinear algebraic equations, Edited by G.D. Byrne, Ch.A. Hall, New York, London, Academic Press 1973.].

Result of the calculations are: $e_0 = 2{,}028$, $e_1 = 5{,}171$, $r_0 = 0{,}632$, $r_1 = 8{,}374$. Figures 1 and 2 show graphs of functions EI and ρA.

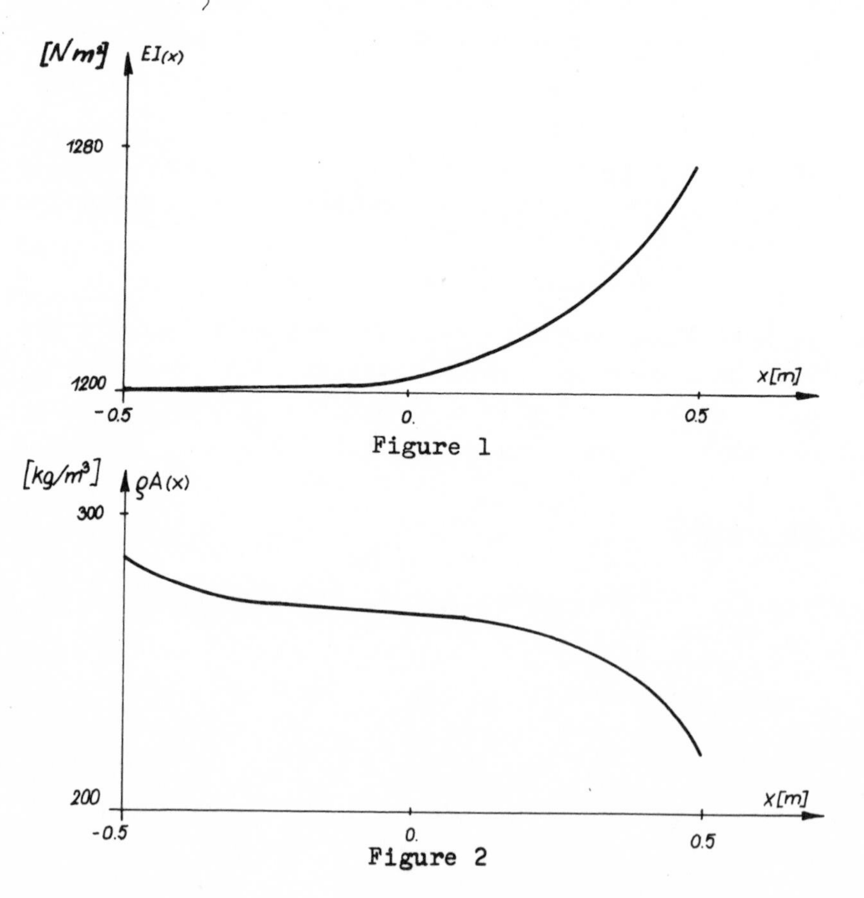

Figure 1

Figure 2

My thanks are due to my coworker research assistant Mr. György Tóth for the numerical work.

References

1 Bazley, N. - Fox, D.W.: Methods for lower bounds to frequencies of continuous elastic systems. J. of Appl. Math. and Phys. /ZAMP/ 17(1966), 1-37.

2 Bosznay, Á.: Algebraic eigenvalue problems bracketing eigenfrequencies of structures consisting of rods of varying cross section. Contributed lecture, 13th Congress of IUTAM Moscow, 1972.

3 Bosznay, Á.: Improvable bracketing of the eigenfrequencies of a space frame structure consisting of rods with varying cross section I-II-III. Acta Technica Acad. Sci. Hungaricae 83(1976), 31-46, 187-203, 393-399.

4 Niordson, F.I.: A method for solving inverse eigenvalue problems. Recent progress in applied mechanics. The Folke Odqvist Volume. Stockholm, Almqvist and Wiksell; New York-London-Sidney, John Wiley and Sons 1967. 373-382.

5 Zurmühl, R.: Matrizen und ihre technischen Anwendungen. Berlin-Göttingen-Heidelberg, Springer 1964.

Prof. Dr. Á. Bosznay
Technical University Budapest,
Budapest
Goldmann György tér 3.
H-1111

USEFUL TECHNICAL DEVICES IN INTERMEDIATE PROBLEMS

David W. Fox

We describe two different ways to take advantage of the structure of quadratic forms that correspond to sums of operators.

DOUBLE TRUNCATION

In calculating lower bounds to eigenvalues of self-adjoint operators by the methods of intermediate problems [2],[4],[5], the base problem operator is sometimes the sum of two or more operators of quite different character that act in orthogonal subspaces of the Hilbert space. Examples of this occur when the base operators arise from differential boundary value problems which are of different orders or which act on domains of different dimension. The fact that in such cases the eigenvalues of the part operators have different rates of growth suggests that there would be some utility in introducing a spectral truncation of each of the operators separately. This section explores that idea.

The setting for these considerations is as follows: Suppose H is a Hilbert space and J is a closeable symmetric quadratic form bounded below on domain $\mathcal{D}$ in H. J is supposed to be of the form

$$J = J_0 + \tilde{J}$$

in which J_0 is also closeable, symmetric, bounded below on its domain $\mathcal{D}_0$, and $\tilde{J}$ is positive symmetric on its domain $\tilde{\mathcal{D}}$. In addition, we suppose that J_0 is resolvable, i.e., that the self-adjoint operator A_0 associated with J_0 has an explicitly known spectral projector E_0 and that the lower part of the spectrum $\sigma(A_0)$ consists of the eigenvalues, $\lambda_1^0 \leq \lambda_2^0 \leq \cdots$, of finite multiplicity with corresponding orthonormal eigenvectors, $u_1^0, u_2^0, \cdots$.

In a number of formulations (see [1], [2], [4], [5]) for finding lower bounds to the eigenvalues λ_ν of the self-adjoint operator A associated with J, one is lead to resolve the spectral problem for an operator $A^{n,k}$ defined by

$$A^{n,k} = A_0^n + \tilde{A}^k,$$

where $\tilde{A}^k$ is an appropriate finite rank lower approximation of an operator $\tilde{A}$ that gives rise to $\tilde{J}$, and A_0^n is the <u>spectral truncation of A_0 of order</u> n. The operator A_0^n is given by

$$A_0^n = \int_{-\infty}^{\lambda_n^{0+}} \lambda dE_0(\lambda) + \lambda_{n+1}^0\left[I - E(\lambda_n^{0+})\right]$$

or equivalently by

$$A_0^n = \sum_{\nu=1}^{n} \langle \cdot, u_\nu^0 \rangle u_\nu^0 (\lambda_\nu^0 - \lambda_{n+1}^0) + \lambda_{n+1}^0 I.$$

The eigenvalues $\lambda^{n,k}$ of $A^{n,k}$ give lower bounds

$$\lambda_\nu^{n,k} \leq \lambda_\nu, \quad \nu = 1, 2, \cdots.$$

These lower bounds increase with n and k as can be seen from the inequalities

$$\langle A_0^n u,u \rangle \le \langle A_0^{n+1} u,u \rangle \le J_0(u,u), \quad \forall u \in \mathcal{D}_0,$$

and

$$\langle \tilde{A}^k u,u \rangle \le \langle \tilde{A}^{k+1} u,u \rangle \le \tilde{J}(u,u), \quad \forall u \in \tilde{\mathcal{D}}.$$

When A_0 is the sum of two uncoupled operators in orthogonal spaces, we consider how each of the component operators can be truncated separately. To describe this situation, suppose that $\mathcal{H} = \mathcal{H}_1 \times \mathcal{H}_2$ and that A_0 is the sum of A_1 on $\mathcal{D}_1 \subset \mathcal{H}_1$ and of A_2 on $\mathcal{D}_2 \subset \mathcal{H}_2$. Thus we have $\mathcal{D} = \mathcal{D}_1 \times \mathcal{D}_2$ and

$$A_0 u = [A_1 u_1, A_2 u_2] \quad \forall u = [u_1, u_2] \in \mathcal{D}.$$

Since A_1 and A_2 are resolvable with corresponding E_α, $\{\lambda_\nu^\alpha\}$, and $\{u_\nu^\alpha\}$, $\alpha = 1, 2$, we have $\sigma(A_0) = \sigma(A_1) \cup \sigma(A_2)$ and $E_0 = E_1 \times E_2$. Note that $\mathcal{H}_1$ and $\mathcal{H}_2$ considered as subspaces of $\mathcal{H}$ are mutually orthogonal reducing spaces of A_0.

Let $A_1^{n_1}$ and $A_2^{n_2}$ be the spectral truncations of A_1 and A_2 of the orders indicated, i.e.,

$$A_\alpha^{n_\alpha} = \sum_{\nu=1}^{n_\alpha} \langle \cdot, u_\nu^\alpha \rangle_\alpha (\lambda_\nu^\alpha - \lambda_{n_\alpha+1}^\alpha) u_\nu^\alpha + I_\alpha, \quad \alpha = 1, 2.$$

Then define the <u>double spectral truncation of A_0 of order $\bar{n}$</u> by

$$A_0^{\bar{n}} u = [A_1^{n_1} u_1, A_2^{n_2} u_2] \quad \forall u = [u_1, u_2] \in \mathcal{H}_1 \times \mathcal{H}_2, \quad \bar{n} = \{n_1, n_2\}.$$

Using the usual ordering on the double-index $\bar{n}$, it is clear that $A_0^{\bar{n}}$ is increasing with $\bar{n}$. In general, $A_0^{\bar{n}}$ is not comparable with A_0^n, however in several situations there are easily determined comparisons. In particular,

$$\lambda_n^0 \le \lambda_{n_\alpha}^\alpha, \quad \alpha = 1, 2 \implies A_0^n \le A_0^{\bar{n}}$$

and

$$\lambda_{n_\alpha+1}^\alpha \le \lambda_{n+1}^0, \quad \alpha = 1, 2 \implies A_0^{\bar{n}} \le A_0^n.$$

In the special case that

$$\lambda_{n_\alpha}^\alpha \le \lambda_n^0 < \lambda_{n_\alpha+1}^\alpha, \quad \alpha = 1, 2,$$

i.e., when

$$n_\alpha = \max\{\nu \mid \lambda_\nu^\alpha \le \lambda_n^0\}, \quad \alpha = 1, 2,$$

then

$$A_0^n \le A_0^{\bar{n}},$$

and the inequality is strict unless $\lambda_{n_1+1}^1 = \lambda_{n_2+1}^2 = \lambda_{n+1}^0$. It is worth noting that in the last instance the single and the double truncations of A_0 make use of exactly the same eigenvectors and eigenvalues except that the double employs one additional eigenvalue.

In calculations for the lower bounds, the resolvent $R_\lambda(A_0^{\bar{n}}) = (A_0^{\bar{n}} - \lambda I)^{-1}$ is needed. This operator is easily expressed in terms of the single truncations

$R_\lambda(A_1^{n_1}) = (A_1^{n_1} - \lambda I)^{-1}$ in H_1 and $R_\lambda(A_2^{n_2}) = (A_2^{n_2} - \lambda I)^{-1}$ in H_2. In fact, if $v = [v_1, v_2]$ and $w = [w_1, w_2]$, we find that

$$R_\lambda(A_0^{\bar{n}})v = \left[R_\lambda(A_1^{n_1})v_1, R_\lambda(A_2^{n_2})v_2\right]$$

and

$$\langle R_\lambda(A_0^{\bar{n}})v, w\rangle = \langle R_\lambda(A_1^{n_1})v_1, w_1\rangle_1 + \langle R_\lambda(A_2^{n_2})v_2, w_2\rangle_2.$$

The single truncation resolvents have the simple expression

$$R_\lambda(A_\alpha^{n_\alpha}) = \sum_{\nu=1}^{n_\alpha} \frac{\langle\cdot, u_\nu^\alpha\rangle_\alpha u_\nu^\alpha}{\lambda_\nu^\alpha - \lambda} + \frac{1}{\lambda_{n_\alpha+1}^\alpha - \lambda}\left[I_\alpha - \sum_{\nu=1}^{n_\alpha} \langle\cdot, u_\nu^\alpha\rangle_\alpha u_\nu^\alpha\right],$$

$$\alpha = 1, 2.$$

Our motivation for considering a double truncation arose when the eigenvalues of one of the component operators A_2 became large much faster than those of A_1. Then as n got large, comparatively few of the eigenvalues and eigenvectors of A_2 entered A_0^n and n had to be increased greatly to include just a few more. With double truncation this difficulty is avoided.

Although the principal utility of double truncation appears to be in the kind of situations that arise as we described at the outset, it is in fact possible to doubly truncate any operator A_0 that has the lower part of its spectrum discrete. To effect this, let H_1 and H_2 be any orthogonal decomposition of H that reduces A_0, let A_1 be the part of A_0 in H_1 and A_2 be the part in H_2. Then we identify $H_1 \oplus H_2$ with $H_1 \times H_2$. Since A_1 and A_2 operate in orthogonal spaces, each can be truncated separately in the way we have described earlier. Such a decomposition might be useful in a situation in which A_0

has a spectrum with a finite limit point λ_*^0 and has additional eigenvalues above the limit point. The spaces H_1 and H_2 might be chosen so that A_2 did not have λ_*^0 as a limit point so that in a double truncation of A_0 eigenvectors corresponding to eigenvalues above λ_*^0 could be made to enter.

SUMS OF RESOLVABLE OPERATORS

We consider in this section a new way to determine lower bounds to eigenvalues of self-adjoint operators A that correspond to sums of explicitly spectrally resolvable quadratic forms. This kind of decomposition has already proved useful in applications given in [2], [3], and [4].

Suppose that associated with A is the closeable symmetric quadratic form J with its domain $\mathcal{D}$ in H that can be decomposed as

$$J = J_1 + J_2,$$

where J_1 and J_2 are closeable symmetric quadratic forms on domains $\mathcal{D}_1$ and $\mathcal{D}_2$ in H and correspond to the self-adjoint operators A_1 and A_2.

Thus we have

$$J \sim A \sim E \sim \{\lambda_\nu\},\{u_\nu\},$$

$$J_\alpha \sim A_\alpha \sim E_\alpha \sim \{\lambda_\nu^\alpha\},\{u_\nu^\alpha\}, \qquad \alpha = 1, 2,$$

where the E's, λ's, and u's are the appropriate spectral projectors, eigenvalues, and eigenvectors.

We shall designate by $\hat{H}$ the Cartesian produce space made up of two copies of the original space H, i.e.,

$$H = H_1 \times H_2, \qquad H_1 = H_2 = H.$$

In $\mathcal{H}$ we define a new closeable quadratic form $\tilde{J}$ on $\mathcal{D}_1 \times \mathcal{D}_2$ by

$$J([u,v]) = 2J_1(u) + 2J_2(v) \qquad \forall [u,v] \in \mathcal{D}_1 \times \mathcal{D}_2.$$

Clearly, the self-adjoint operator $\hat{A}$ corresponding to $\hat{J}$ is

$$\hat{A} = 2A_1 \times 2A_2, \quad \hat{A}[u,v] = 2A_1u_1 \times 2A_2u_2,$$

on the Cartesian product of the domains of A_1 and A_2. The spectrum $\sigma(\hat{A})$ of $\hat{A}$ is thus given by $\sigma(\hat{A}) = \sigma(2A_1) \cup \sigma(2A_2)$ and the spectral projector by $\hat{E} = E_1 \times E_2$.

Let S be the subspace of $\mathcal{H}$ composed of symmetric vectors, i.e., vectors of the form $s = [u,u]$; then $S^\perp$ is the subspace of the antisymmetric vectors $t = [u,-u]$. Now we notice that if $u \in \mathcal{D}_1 \cap \mathcal{D}_2$, then both $s = [u,u]$ and $t = [u,-u]$ are in $\hat{\mathcal{D}}$; and we have

$$\frac{\hat{J}(s)}{||s||^2} = \frac{2J_1(u) + 2J_2(u)}{||u||^2 + ||u^2||} = \frac{J(u)}{||u||^2}$$

and

$$\frac{\hat{J}(t)}{||t||^2} = \frac{2J_1(u) + 2J_2(u)}{||u||^2 + ||u||^2} = \frac{J(u)}{||u||^2}.$$

Thus $\hat{J}$ coincides with J on S and on $S^\perp$, and these two images are isomorphic under the transformation that takes [u,v] into [u,-v].

Evidently, the eigenvalues $\{\hat{\lambda}_\nu\}$ of $\hat{A}$ are lower bounds to the eigenvalues of A. These crude lower bounds can be improved using the <u>Weinstein method for lower bounds</u> by obtaining the eigenvalues that correspond to $\hat{J}$ restricted to the orthogonal compliment of appropriate finite dimensional subspaces. Here these subspaces can be taken to be in $S^\perp$ (or in S)

as $\hat{J}$ is forced into S (or into $S^{\perp}$). Consider the variational eigenvalue problem for $\hat{J}$ restricted to the orthogonal complement of span$\{\hat{p}_1, \hat{p}_2, \cdots, \hat{p}_k\}$, where $\hat{p}_i = [p_i, -p_i] \in S^{\perp}$, $\{p_i\}_1^k$ linearly independent. This leads to the classical Weinstein eigenvalue problem,

$$\left.\begin{aligned} \hat{A}u - \hat{\lambda}u &= \sum_{i=1}^{k} \alpha_i \hat{p}_i \\ \langle u, \hat{p}_j \rangle_{\wedge} &= 0, \quad j = 1, 2, \cdots, k \end{aligned}\right\}$$

and thus to the consideration of the zeros of

$$W(\lambda) = \det\left\{\langle R_\lambda(\hat{A})\hat{p}_i, \hat{p}_j \rangle_{\wedge}\right\},$$

where $R_\lambda(\hat{A}) = (\hat{A} - \lambda I)^{-1}$. From the structure of $\hat{A}$ we have immediately

$$\langle R_\lambda(\hat{A})\hat{p}_i, \hat{p}_j \rangle_{\wedge} = \langle R_\lambda(2A_1)p_i, p_j \rangle + \langle R_\lambda(2A_2)p_i, p_j \rangle.$$

As usual, the resolvent expressions are difficult to evaluate unless the vectors $\hat{p}_i$ have a special relationship to the eigenvectors $\{\hat{u}_\nu\}$ or unless the operators A_1 or A_2 are truncations.

For practical computations to obtain lower bounds, one might make the <u>special choice</u> $p_i = u_i^1$ and replace A_2 by its truncation A_2^n. This leads to

$$\langle R_\lambda(\hat{A})p_i, p_j \rangle_{\wedge} = \frac{\delta_{ij}}{2\lambda_i^1 - \lambda} + \langle R_\lambda(2A_2^n)u_i^1, u_j^1 \rangle.$$

A second possibility would be to <u>doubly truncate</u> $\hat{A}$, by replacing $\hat{A}$ by $\overline{A_1^{n_1}} = 2A_1^{n_1} \times 2A_2^{n_2}$. This leads to

$$\langle R_\lambda(\hat{A}^{\bar{n}})\hat{p}_i,\hat{p}_j\rangle_\wedge = \langle R_\lambda(2A_1^{n_1})p_i,p_j\rangle + \langle R_\lambda(2A_2^{n_2})p_i,p_j\rangle.$$

In [2] and [3] where the decomposition into sums of resolvable operators was employed, the method used the truncations of the individual operators and led to an $n_1 + n_2$ order eigenvalue problem that arises from the subspace spanned by the $n_1 + n_2$ eigenvectors vectors that appear in the spectral truncations. Here the procedures could use high-order truncations but involve determinant calculations for the much smaller matrices of order k.

References

[1] Bazley, N. W. and D. W. Fox: Truncations in the method of intermediate problems for lower bounds to eigenvalues. J. Res. Nat. Bur. Standards Sec. B 65 (1961), 105-111.

[2] Bazley, N. W. and D. W. Fox: Methods for lower bounds to frequencies of continuous elastic systems. J. Appl. Math. and Phys. ZAMP 17 (1966), 1-37.

[3] Bazley, N. W., D. W. Fox and J. T. Stadter: Upper and lower bounds for the frequencies of rectangular clamped plates. ZAMM 47 (1967), 191-198.

[4] Fox, D. W. and W. C. Rheinboldt: Computational methods for determining lower bounds for eigenvalues of operators in Hilbert space. SIAM Review 8 (1966), 427-462.

[5] Weinstein, A. and W. Stenger: Methods for Intermediate Problems for Eigenvalues. Academic Press, New York, 1972.

BOUNDS FOR EIGENVALUES OF REINFORCED PLATES

David W. Fox
Vincent G. Sigillito

In this article we summarize the second of a series of applications of the methods of intermediate problems to the determination of lower bounds for the eigenfrequencies of free vibration of built-up elastic structures. This study gives upper and lower bounds for frequencies of a rectangular thin elastic plate with a reinforcing rib bonded elastically to it along a portion of the center line.

The problem considered here is the rigorous estimation of frequencies of free vibration of the composite structure depicted in the Figure. This is a linear elastic system composed of a uniform thin simply supported rectangular plate with a uniform free beam elastically attached to it along a central rectangular strip. The plate, the beam, and the elastic attachment are all modeled by classical linear theory. In this study we consider for simplicity just the frequencies associated with modes that are even in x and in y.

DISCUSSION

The squares of the frequencies ω_ν are the eigenvalues λ_ν of a system of coupled linear equations that describes the deflections of the plate and of the beam, however here it is much more convenient to consider the eigenvalues as successive stationary values of the quotient given by

$$R(u) = J(u)/||u||^2.$$

The quadratic form $J(u)$, which is twice the energy of deformation of the system, is given by

$$J(u) = B\int_{-e}^{e} |v''|^2\,dx + D\int_{-a}^{a}\int_{-b}^{b} |\Delta w|^2\,dx\,dy$$

$$+ K\int_{-c}^{c}\int_{-e}^{e} |v - w|^2\,dx\,dy.$$

The norm $||\cdot||$ of the Hilbert space $H = L^2[(-e,e;\sigma] \times L^2[(-a,a)\times(-b,b);\rho]$ in which the problem is set is stated by

$$||u||^2 = \sigma\int_{-e}^{e} |v|^2\,dx + \rho\int_{-a}^{a}\int_{-b}^{b} |w|^2\,dx\,dy.$$

In these expressions $u = [v,w]$ is a vector that has as its first component a beam deflection function v and as its second component a plate deflection function w, which vanishes at the edges of the plate. The constants of the problem are B and D, the flexural rigidities of the beam and of the plate, K, the modulus of the elastic attachment, σ, the mass per unit length of the beam, and ρ, the mass per unit area of the plate. Note that for vibrations of this system that are not even in y additional terms enter J and $||\cdot||$ to account for torsion of the beam.

Lower Bound Method

The lower bound method that we use here makes use of the natural decomposition $J = J^0 + J'$, in which J^0 is the sum of the first two terms in J and J' is the third. An important fact is that J^0, with the same boundary conditions on w as J, corresponds to a spectrally resolvable operator in H, i.e., an operator for which the eigenvalues and eigenvectors are explicitly known. Indeed, J^0 is just J with K, the coupling between the beam and the plate set equal to zero. The eigenfunctions are of the form $[v_\mu, 0]$ or $[0, w_{mn}]$, where $v_\mu(x)$, $\mu = 0, 1, \cdots$, are even free beam eigenfunctions with eigenvalues $(\beta_\mu/e)^4(B/\sigma)$, β_μ the ordered nonnegative roots of the equation $\tan \beta + \tanh \beta = 0$. The functions w_{mn} are the simply supported plate eigenfunctions with the eigenvalues $(\pi^4 D/\rho) \cdot \{[(2m - 1)/2a]^2 + [(2n - 1)/2b]^2\}^2$. The eigenfunctions of J^0 are chosen to be orthonormal in H. The second important fact is that J' is a positive quadratic form that can be bounded below by an increasing family of quadratic forms of finite rank.

The lower bound method has been described extensively in [1], [2], and [8]. However, here we summarize briefly the essence of the procedure and refer the reader to the references for those details which we must leave out. We obtain our lower bounds by constructing a family $J^{n,k}$ of quadratic forms that increase with n and k, that lie below J, and that correspond to operators $A^{n,k}$ in H for which we can determine the eigenvalues $\lambda_\nu^{n,k}$ to any desired accuracy. These eigenvalues, which increase with n and with k, give the lower bounds

$$\lambda_\nu^{n,k} \leq \lambda_\nu, \quad \nu = 0, 1, \cdots.$$

The quadratic forms $J^{n,k}$ require for their construction the <u>spectral truncation of order</u> n of J^0 defined by

$$J^{n,0}(u) = \sum_{\nu=0}^{n} |\langle u, u_\nu^0 \rangle|^2 \lambda_\nu^0 + \lambda_{n+1}^0 \left[\langle u, u \rangle - \sum_{\nu=0}^{n} |\langle u, u_\nu^0 \rangle|^2\right],$$

where λ_ν^0 and u_ν^0 are the known eigenvalues (in increasing order) and orthonormal eigenvectors of J^0. The forms $J^{n,0}$ are an increasing family of lower approximations to J^0. In addition, we construct a lower increasing family J'^{k} of approximations to J' as follows: Observe that J' has the form

$$J'(u) = K \iint |v - w|^2 \, dx\, dy = \langle Tu, Tu \rangle',$$

where T is the bounded operator from H to $H' = L^2[(-e,e)\times(-c,c)]$ expressed by

$$T[v,w](x,y) = K^{\frac{1}{2}}[v(x) - w(x,y)].$$

The approximations J'^{k} are given in the form

$$J'^{k}(u) = \langle P^k Tu, Tu \rangle',$$

where P^k is the orthogonal projection on span$\{p_1, p_2, \cdots, p_k\}$, where p_k are appropriate linearly independent vectors in the domain of T^*, the adjoint of T. Here T^* is easily calculated from the defining relation $\langle Tu, f\rangle' = \langle u, T^*f\rangle$ $\forall u \in H$, $f \in H'$, to be

$$T^*f = K^{\frac{1}{2}}[(1/\sigma) \int_{-c}^{c} f(\cdot\,, y)dy, \; -f/\rho],$$

where the values of f outside $(-e,e)\times(-c,c)$ are zero.

The quadratic form $J^{n,k}$ that gives the lower bounds is defined by

$$J^{n,k} = J^{n,0} + J'^{k},$$

and the bounded self-adjoint operator $A^{n,k}$ corresponding to it is

$$A^{n,k} = A^{n,0} + T^*P^kT,$$

where $A^{n,0}u = \sum_{\nu=1}^{n} \langle u,u_\nu^0\rangle \lambda_\nu^0 u_\nu^0 + \lambda_{n+1}\left[u - \sum_{\nu=1}^{n} \langle u,u_\nu^0\rangle u_\nu^0\right]$.

The lower bounds are obtained from the roots of the determinantal equation

$$\det\{\langle p_i,p_j\rangle' + \langle R_\lambda T^*p_i,T^*p_j\rangle\} = 0,$$

which can be put in the matrix form

$$\det\{A/(\lambda_{n+1}^0 - \lambda) + BDB^* + C\} = 0,$$

where A, B, C, and D are given by

$$A = \left(\langle T^*p_i,T^*p_j\rangle\right), \qquad B = \left(\langle T^*p_i,u_\mu^0\rangle\right),$$

$$C = \left(\langle p_i,p_j\rangle'\right), \qquad D = \left(\frac{\lambda_{n+1} - \lambda_\mu^0}{(\lambda_{n+1}^0 - \lambda)(\lambda_\mu^0 - \lambda)}\,\delta_{\mu\nu}\right).$$

A complete discussion of the calculation of the eigenvalues $\lambda_\nu^{n,k}$ is given in [2].

In our applications we take the generating vectors p_i of the projection P^k to be orthogonal of the form $v_r^0(x) \cdot \cos s\pi y/c$, $r = 0, 1, \cdots$, $s = 0, 1, \cdots$. These form a complete system in the even-even subspace of H'. It should be noted that this choice of the p's has a number of calculational advantages: The matrices A and C are diagonal; and the matrix B has a particularly simple structure. The index k is given by $k = (\hat{r} + 1)(\hat{s} + 1)$ when r and s run through $\hat{r}$ and $\hat{s}$, respectively.

Upper Bound Method

The Rayleigh-Ritz method, i.e., the calculation of the stationary values of $R(u)$ in a finite dimensional space, gives an effective means for getting upper bounds. In the even-even symmetry class we have taken the spanning vectors of the Rayleigh-Ritz space to be eigenvectors u_ν^0 of J^0 in this subspace. The inner products needed in the Rayleigh-Ritz calculation are elementary.

NUMERICAL RESULTS

In this section we present some typical bounds and describe general features of our calculations. A more extensive exposition of our results will be given elsewhere [7]. The plate side length a and thickness h have been fixed and other parameters have been varied. The aspect ratio a/b ranged from 1 to 4, and the length of the reinforcing beam ran from 1/2 to 1 times the length a. The beam was taken to be of solid rectangular cross-section of width equal to 1/40 of the plate length. The depth d of the beam was varied from 1 to 10 times the plate thickness, and the modulus K was changed over five orders of magnitude from 10^3 to 10^8. Material properties of the plate and of the beam were chosen to be typical of aluminum. In our forthcoming article [7] the inner products and other quantities needed in the computations are given in detail.

Table 1 gives typical results from our computations. These show the results for a plate of length 40 inches (about 1 meter) and thickness 0.10 inch (about 2.5 millimeters) with the beam extending along three quarters of the length. The aspect ratios and the beam depths are as shown. The lower bounds were calculated with $\hat{r} = 4$, $\hat{s} = 5$, so that the total $k = (\hat{r} + 1) \cdot (\hat{s} + 1)$ of vectors p_{rs} used in approximating J' was 30. The order n of the spectral truncation was taken to be 50. The Raleigh-Ritz upper bounds were calculated using a space spanned by eighty eigenvectors of J^0. These were v_μ, $\mu = 0, 1, \cdots, 19$ and w_{mn}^0, $m = 1, 2, \cdots, 10$, $n = 1, 2, \cdots, 6$. In each column the lower bounds appear on the left and the upper bounds on the right. Thus, for example, when a/b = 2.0 and d/h = 2.0, we give the rigorous bounds in the even-even symmetry class

$$130.24 \leq \lambda_3 \times 10^{-4} \leq 131.08.$$

The lower bounds reported in our tables were obtained by truncating to five figures the values calculated in double precision (about sixteen decimal places); the upper bounds were obtained by truncating to five figures and adding 1 to the fifth place.

Table 2 shows improvements that are obtained by increasing k and by increasing n. The first four columns give lower bounds. These correspond to the parameters of the central pairs of figures in Table 1. Although other pairs $\hat{r}, \hat{s}$ were tried, those shown proved to be among the best. The upper bounds in Table 2 are the same as those of Table 1.

Table 3 shows some of the results of changing the modulus K of elastic attachment. The lower bounds were obtained using $\hat{r} = 9$, $\hat{s} = 5$, thus $k = (\hat{r} + 1)(\hat{s} + 1) = 60$; and the upper bounds used the same 80 eigenvectors as in the computations in the other tables.

Our first observation concerning the bounds of Table 1 is that relatively modest calculations produced quite acceptable bounds for the eigenvalues. This was true as well in our more extensive computations not reported here. Further, the influence of the reinforcing beam is difficult to guess beforehand due to the compensating influences of its increased stiffness, proportional to d^3, and its increased mass, proportional to d.

Table 2 shows the expected improvement in the lower bounds as k and n are increased. In general, a significant improvement is apparent when the truncation order n is increased; but when the gap between the lower bounds and the upper bounds is large, the increase in k also has an important effect. Roughly speaking, the computing time is proportional to n and to k^3, so it is much more economical to raise n instead of k.

Table 3 shows an interesting behavior of the bounds as K is increased. The lower bounds tend toward a limiting value while the upper bounds keep getting larger. This is because the lower bounds move upward and are lower bounds for the beam <u>rigidly</u> attached to the plate. On the other hand, the upper bounds obtained from the vectors we have chosen cannot give good bounds for that limiting problem since they cannot satisfy the geometric boundary conditions that arise in the limit as K gets large. We regard the limiting model as somewhat unsatisfactory, for in it the beam imposes perfect rigidity against bending of the plate in the y direction along the strip of attachment where the beam becomes rigidly bonded to the plate.

EXTENSIONS

A great variety of reinforced plates are accessible to rigorous bounds for the eigenfrequencies by the methods we have used here. We devote this short section to sketching some of the possibilities.

The problems we have studied in this article can be modified in a large number of ways: The material properties of the beam and of the plate can be different, and the beam need not be rectangular so that its stiffness B, its mass per unit length σ, and the width 2c of the elastic attachment can all be chosen independently. Further, the beam need not be attached along the center line, although this eliminates the y-symmetry and causes the bending of the plate to be coupled with torsion as well as bending of the beam. In addition, the beam need not be symmetric in x. Further, one or more reinforcing beams not necessarily parallel to the edges of the plate can be treated by relatively small modifications of the technique we have used here; for instance, diagonal ribs are quite feasible.

Other extensions to reinforcements by beams of nonuniform sections or to nonuniform elastic bonds can be handled by recourse to some of the procedures given in [2]. By employing some of these ideas it should be possible to rigorously estimate the frequencies of plate-beam models that approximate reinforcements attached by spot welding. As long as the plate is uniform, rectangular, and simply supported on two opposite edges, its nonreinforced eigenfrequencies and mode shapes can be calculated. This means that the method we have given here can be used for such boundary conditions with little change. However, if the plate is not uniform or has other edge conditions, some modifications along the lines given in [3], [4], [5], or [6] may be needed to find the lower bounds.

References

[1] Bazley, N. W. and D. W. Fox: Lower bounds to eigenvalues using operator decompositions of the form B*B. Arch. Rat. Mech. and Anal. 10 (1962), 352-360.

[2] Bazley, N. W. and D. W. Fox: Methods for lower bounds to frequencies of continuous elastic systems. J. Appl. Math. and Phys. (ZAMP) 17 (1966), 1-37.

[3] Bazley, N. W., D. W. Fox and J. T. Stadter: Upper and lower bounds for the frequencies of rectangular clamped plates. Zeit. Ang. Math. und Mech. 47 (1967), 191-198.

[4] Bazley, N. W., D. W. Fox and J. T. Stadter: Upper and lower bounds for the frequencies of rectangular cantilever plates. Zeit. Ang. Math. und Mech. 147 (1967), 251-260.

[5] Bazley, N. W., D. W. Fox and J. T. Stadter: Upper and lower bounds for the frequencies of rectangular free plates. J. Appl. Math. and Phys. (ZAMP) 18 (1967), 445-460.

[6] Fox, D. W.: Lower bounds for eigenvalues of thin skew plates. Developments in Mechanics: Proc. Sixteenth Midwest. Mech. Conf. 10 (1979), 127-130.

[7] Fox, D. W. and V. G. Sigillito: Bounds for eigenfrequencies of a plate with an elastically attached reinforcing rib. To be submitted.

[8] Weinstein, A. and W. Stenger: Methods of Intermediate Problems for Eigenvalues. Academic Press, New York, 1972.

ν	d/h	$\lambda_\nu \times 10^{-4}$					
		e/a = 0.75, K = 10^4					
		a/b = 4.0		a/b = 2.0		a/b = 1.0	
1		33.402	33.432	3.1482	3.1504	0.53066	0.53086
2		75.103	75.254	22.111	22.183	13.157	13.166
3	1.0	211.22	211.93	112.42	112.77	13.540	13.582
4		546.76	546.87	173.19	173.41	43.209	43.257
5		1215.4	1225.6	259.55	259.87	89.056	89.145
1		28.831	28.858	2.9566	2.9596	0.54224	0.54336
2		71.902	72.570	23.738	24.130	12.669	12.680
3	2.0	234.64	236.45	130.24	131.08	14.618	14.895
4		685.00	689.72	161.88	162.17	43.215	43.528
5		1435.9	1522.9	247.04	247.85	85.901	86.055
1		21.310	21.371	2.9409	2.9799	0.78970	0.83007
2		81.216	83.447	35.940	37.154	11.667	11.733
3	5.0	556.35	567.04	141.00	141.46	20.184	20.788
4		1112.3	1206.0	213.79	214.97	48.299	49.756
5		1868.2	1879.9	254.79	261.08	79.604	79.975
1		15.487	15.677	2.7997	2.9374	0.97996	1.1343
2		157.06	157.95	80.204	80.770	10.489	10.620
3	10.0	728.38	800.21	125.59	126.28	26.200	26.448
4		1646.1	1658.8	231.67	232.65	72.129	72.982
5		1694.4	1722.4	288.78	297.65	83.176	84.941

Table 1

Bounds for the first five eigenvalues (even-even).

ν	d/h	$\lambda_\nu \times 10^{-4}$				
		a/b = 2.0, e/a = 0.75, K = 10^4				
		$\hat{r} = 4$, $\hat{s} = 5$, k = 30, n = 50	$\hat{r} = 4$, $\hat{s} = 5$, k = 30, n = 100	$\hat{r} = 9$, $\hat{s} = 5$, k = 60, n = 50	$\hat{r} = 9$, $\hat{s} = 5$, k = 60, n = 100	Upper Bounds
1		3.1482	3.1493	3.1483	3.1495	3.1504
2		22.111	22.114	22.159	22.170	22.183
3	1.0	112.42	112.43	112.65	112.70	112.77
4		173.19	173.32	173.19	173.32	173.41
5		259.55	259.70	259.60	259.76	259.87
1		2.9566	2.9577	2.9572	2.9586	2.9596
2		23.738	23.780	23.939	24.056	24.130
3	2.0	130.24	130.31	130.70	130.91	131.08
4		161.88	162.06	161.89	162.06	162.17
5		247.04	247.34	247.26	247.65	247.85
1		2.9409	2.9489	2.9552	2.9707	2.9799
2		35.940	36.118	36.445	36.876	37.154
3	5.0	141.00	141.28	141.02	141.30	141.46
4		213.79	214.47	213.92	214.64	214.97
5		254.79	257.52	255.91	259.46	261.08
1		2.7997	2.8268	2.8492	2.9040	2.9374
2		80.204	80.511	80.289	80.614	80.770
3	10.0	125.59	126.00	125.62	126.06	126.28
4		231.67	232.34	231.70	232.36	232.65
5		288.78	292.29	290.65	295.39	297.65

Table 2

Bounds for the first five eigenvalues (even-even).
Effect of increasing k and n.

ν	$\lambda_\nu \times 10^{-4}$							
	a/b = 2.0, e/a = 0.75, d/h = 5.0, k = 60, n = 100							
	$K = 10^3$		$K = 10^4$		$K = 10^6$		$K = 10^8$	
1	2.8745	2.8759	2.9707	2.9799	3.0107	3.2060	3.0115	3.4699
2	34.375	34.406	36.876	37.154	38.034	41.315	38.054	46.329
3	136.73	136.83	141.30	141.46	142.35	158.23	142.38	188.84
4	199.16	199.47	214.64	214.97	216.66	230.20	216.70	258.88
5	226.51	226.96	259.46	261.08	267.26	281.34	267.36	308.86

Table 3

Bounds for the first five eigenvalues (even-even).
Effect of coefficient of attachment.

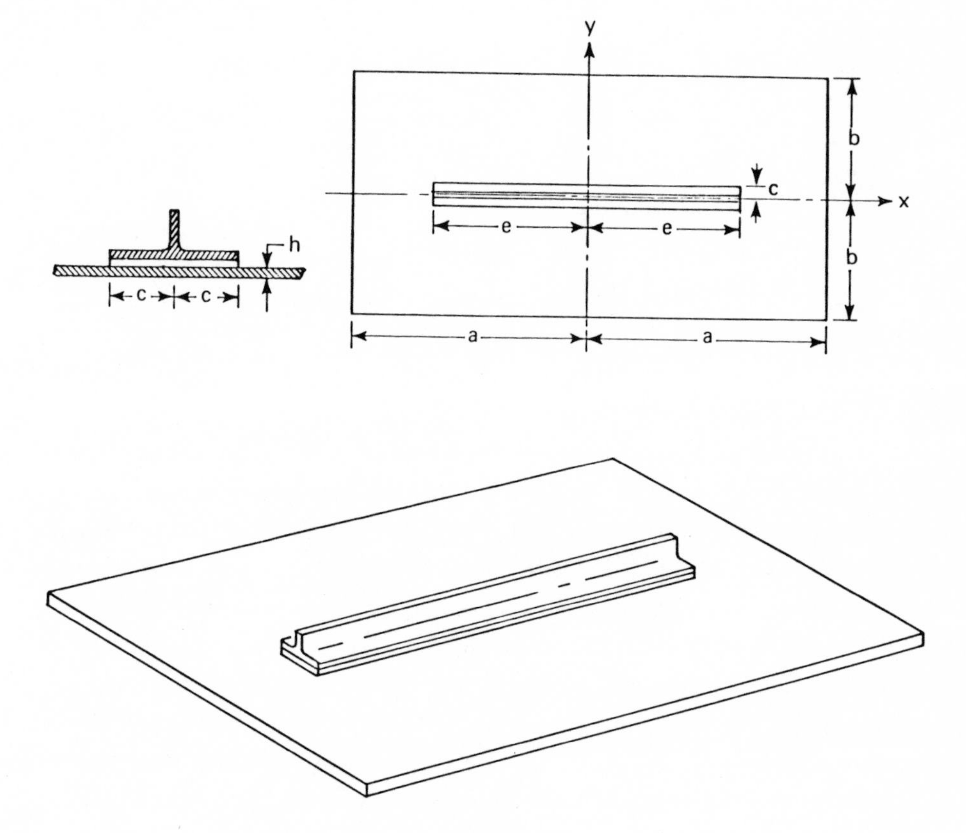

Figure

The Reinforced Plate

ÜBER DIE ANWENDUNG EINER VERALLGEMEINERUNG DES LEHMANN-MAEHLY-VERFAHRENS ZUR BERECHNUNG VON EIGENWERTSCHRANKEN

Friedrich Goerisch

A new method is presented for determining lower bounds to eigenvalues. This method is applied to two eigenvalue problems for partial differential equations.

Eines der wichtigsten Verfahren zur Berechnung von Eigenwertschranken ist das auf N. J. Lehmann zurückgehende Lehmann-Maehly-Verfahren ([5], [6], [7], [8]). Es hat sich bei vielen Eigenwertaufgaben der Form $M\phi = \lambda\phi$ bewährt; auf Eigenwertaufgaben $M\phi = \lambda N\phi$, bei denen die Operatoren M und N eine komplizierte Gestalt haben, läßt es sich aber oft nur unter großen Schwierigkeiten anwenden. Wesentlich einfacher kann man Eigenwertschranken für solche Aufgaben mit Hilfe eines neuen Einschließungssatzes [4], der als Verallgemeinerung des dem Lehmann-Maehly-Verfahren zugrundeliegenden Satzes aufgefaßt werden kann, berechnen. Von besonderer Bedeutung ist dabei die geeignete Wahl eines in dem neuen Satz auftretenden Parameters; sie soll im folgenden besprochen und an zwei Beispielen erläutert werden. Bei dem einen Beispiel handelt es sich um eine Eigenwertaufgabe, die in einer Untersuchung von Velte [10] über ein Problem aus der Hydrodynamik eine entscheidende Rolle spielt;

das andere Beispiel ist eine von Collatz [3] behandelte Eigenwertaufgabe mit einer partiellen Funktional-Differentialgleichung.

§ 1. Die Grundlage für die Untersuchung bildet der folgende

EINSCHLIESSUNGSSATZ

Voraussetzungen

V1. H sei ein komplexer Prähilbertraum mit dem Skalarprodukt $\langle\cdot,\cdot\rangle$. Es sei $D\subset H$; $M:D\to H$ und $N:D\to H$ seien symmetrische lineare Operatoren in H. Für alle $u\in D$ mit $u\neq 0$ gelte $\langle u,Mu\rangle > 0$.

V2. Es gebe Folgen $(\lambda_i)_{i\in\mathbb{N}}$ und $(\phi_i)_{i\in\mathbb{N}}$ von Eigenwerten und Eigenelementen der Eigenwertaufgabe $M\phi = \lambda N\phi$ derart, daß

$M\phi_i = \lambda_i N\phi_i$ für alle $i\in\mathbb{N}$,

$\langle\phi_i,M\phi_k\rangle = \delta_{ik}$ für alle $i,k\in\mathbb{N}$ (δ_{ik} Kroneckersymbol) und

$\langle u,Nu\rangle = \sum_{i=1}^{\infty}\lambda_i|\langle u,N\phi_i\rangle|^2$ für alle $u\in D$ gilt.

V3. X sei ein komplexer Vektorraum; b sei eine hermitesche Sesquilinearform auf X; $T:D\to X$ sei ein linearer Operator. Für alle $u\in X$ gelte $b(u,u)\geq 0$; für alle $f,g\in D$ gelte $b(Tf,Tg) = \langle f,Mg\rangle$.

V4. Es seien $n\in\mathbb{N}$, $v_i\in D$ und $w_i\in X$ für $i=1,\ldots,n$. $v_1,\ldots,v_n$ seien linear unabhängig. Es gelte $b(Tu,w_i) = \langle u,Nv_i\rangle$ für alle $u\in D$, $i=1,\ldots,n$.

V5. Es sei $\rho\in\mathbb{R}$, $\rho>0$. Es werden Matrizen $A(\rho)$ und $B(\rho)$ erklärt durch

$$A(\rho) := (\langle v_i,Mv_k\rangle - \rho\langle v_i,Nv_k\rangle)_{i,k=1,\ldots,n},$$

$$B(\rho) := (\langle v_i,Mv_k\rangle - 2\rho\langle v_i,Nv_k\rangle + \rho^2 b(w_i,w_k))_{i,k=1,\ldots,n}.$$

$B(\rho)$ sei positiv definit. m sei die Anzahl der negativen Eigenwerte der Eigenwertaufgabe $A(\rho)z = \mu B(\rho)z$; der i-te Eigenwert dieser Aufgabe werde mit $\mu_i(\rho)$ bezeichnet.

Behauptung

Für i=1,...,m enthält das Intervall $[\rho - \frac{\rho}{1-\mu_i(\rho)}, \rho)$ mindestens i Eigenwerte der Eigenwertaufgabe $M\phi = \lambda N\phi$.

Hierbei sind - wie auch im folgenden - Eigenwerte stets entsprechend ihrer Vielfachheit zu zählen; unter dem i-ten Eigenwert ist immer der i-tkleinste Eigenwert zu verstehen. - Ein Beweis des Einschließungssatzes und einige Hinweise darauf, wie man die Voraussetzungen V1 bis V4 verifiziert, finden sich in [4].

§ 2. In diesem Paragraphen werden zunächst zwei einfache Hilfssätze bewiesen, sodann wird eine Möglichkeit, wie man den in Voraussetzung V5 auftretenden Parameter ρ geeignet wählen kann, besprochen. Hierbei wird stets angenommen, daß die Voraussetzungen V1 bis V4 erfüllt sind; ferner wird vorausgesetzt, daß die Eigenwertaufgabe $M\phi = \lambda N\phi$ unendlich viele positive Eigenwerte besitzt und daß diese sich vom kleinsten beginnend der Größe nach durchnumerieren lassen. Der i-te positive Eigenwert von $M\phi = \lambda N\phi$ wird mit λ_i^+ bezeichnet. Durch

$$\begin{aligned} P &:= (\langle v_i, Mv_k \rangle)_{i,k=1,\dots,n} , \\ Q &:= (\langle v_i, Nv_k \rangle)_{i,k=1,\dots,n} \end{aligned} \qquad (1)$$

werden hermitesche Matrizen P und Q erklärt. r sei die Anzahl der positiven Eigenwerte der Eigenwertaufgabe $Pz = \Lambda Qz$; der i-te positive Eigenwert dieser Aufgabe wird mit Λ_i^+ bezeichnet. Für alle $\rho \in \mathbb{R}$ seien die Matrizen $A(\rho)$ und $B(\rho)$ wie in V5 definiert. - Eine hinreichende Bedingung für die in V5 gemachte Voraussetzung, daß $B(\rho)$ positiv definit ist, soll nun angegeben werden.

<u>HILFSSATZ 1</u> Wenn $\rho \in \mathbb{R}$, $\rho > 0$ und $\rho \neq \Lambda_i^+$ für i=1,...,r gilt, so ist $B(\rho)$ positiv definit.

Beweis: Unter Verwendung von V3 und V4 erhält man

$$\langle v_i, Mv_k \rangle - 2\rho \langle v_i, Nv_k \rangle + \rho^2 b(w_i, w_k) = b(Tv_i - \rho w_i, Tv_k - \rho w_k)$$

für i,k=1,...,n. Also ist $B(\rho)$ positiv semidefinit. Es wird nun gezeigt, daß $B(\rho)$ regulär ist. Es sei $c \in \mathbb{C}^n$, $c = (c_1, \dots, c_n)'$; es gelte $B(\rho)c=0$. Unter Benutzung der Bezeichnung

$h := \sum_{i=1}^{n} \bar{c}_i (Tv_i - \rho w_i)$ erhält man $b(h,h)=\bar{c}'B(\rho)c=0$. Hieraus folgt nach der Schwarzschen Ungleichung

$|b(Tv_i,h)|^2 \leq b(h,h)\cdot b(Tv_i,Tv_i)=0$ für $i=1,\ldots,n$;

es gilt also $b(Tv_i,h)=\sum_{k=1}^{n} b(Tv_i,Tv_k-\rho w_k)c_k=0$ für $i=1,\ldots,n$. Wegen $b(Tv_i,Tv_k-\rho w_k)=\langle v_i,Mv_k\rangle-\rho\langle v_i,Nv_k\rangle$ ergibt sich hieraus $Pc = \rho Qc$. Da ρ nach Voraussetzung nicht Eigenwert von $Pz = \Lambda Qz$ ist, folgt $c = 0$. $B(\rho)$ ist also regulär und somit positiv definit.

Über die in Voraussetzung V5 auftretende Anzahl m der negativen Eigenwerte der Eigenwertaufgabe $A(\rho)z = \mu B(\rho)z$ erhält man folgende Aussage:

<u>HILFSSATZ 2</u> Wenn $\rho\in\mathbb{R}$, $\rho>0$ und $\rho\neq\Lambda_i^+$ für $i=1,\ldots,r$ gilt, so ist die Anzahl der negativen Eigenwerte der Eigenwertaufgabe $A(\rho)z = \mu B(\rho)z$ gleich der Anzahl der im Intervall $(0,\rho)$ gelegenen Eigenwerte der Eigenwertaufgabe $Pz = \Lambda Qz$.

Beweis: Da $B(\rho)$ und P positiv definit sind, ist die Anzahl der negativen Eigenwerte der Eigenwertaufgabe $A(\rho)z = \mu Pz$ gleich der Anzahl der negativen Eigenwerte der Eigenwertaufgabe $A(\rho)z = \mu B(\rho)z$. Aus $A(\rho) = P - \rho Q$ folgt, daß eine negative Zahl $\hat{\mu}$ genau dann ein Eigenwert von $A(\rho)z = \mu Pz$ ist, wenn $\hat{\Lambda} := \rho(1-\hat{\mu})^{-1}$ ein Eigenwert von $Pz = \Lambda Qz$ ist; hierbei ist die Vielfachheit von $\hat{\mu}$ als Eigenwert von $A(\rho)z = \mu Pz$ gleich der Vielfachheit von $\hat{\Lambda} = \rho(1-\hat{\mu})^{-1}$ als Eigenwert von $Pz = \Lambda Qz$. Daraus ergibt sich die Behauptung.

Unter Benutzung dieser beiden Hilfssätze erhält man nun aus dem in § 1 angegebenen Einschließungssatz das folgende Ergebnis: Wenn $\rho\in\mathbb{R}$, $\rho>0$, $m\in\mathbb{N}$, $q\in\mathbb{N}$, $m<r$, $\Lambda_m^+<\rho<\Lambda_{m+1}^+$ und

$$\rho \leq \lambda_{m+q}^+ \tag{2}$$

gilt, so ist $\rho-\rho(1-\mu_i(\rho))^{-1}$ eine untere Schranke für den (m+q-i)-ten positiven Eigenwert von $M\phi = \lambda N\phi$:

$$\rho - \frac{\rho}{1-\mu_i(\rho)} \leq \lambda^+_{m+q-i} \tag{3}$$

für $i=1,\ldots,m$ (bezüglich $\mu_i(\rho)$ siehe V5).

Unter den angegebenen Voraussetzungen liegen nämlich für $i=1,\ldots,m$ mindestens i Eigenwerte im Intervall $[\rho-\rho(1-\mu_i(\rho))^{-1},\rho)$; das Intervall $(0,\rho)$ enthält auf Grund von (2) höchstens m+q-1 Eigenwerte von $M\phi = \lambda N\phi$; also liegen im Intervall $(0,\rho-\rho(1-\mu_i(\rho))^{-1})$ für $i=1,\ldots,m$ höchstens m+q-i-1 Eigenwerte von $M\phi = \lambda N\phi$; dies ist gleichbedeutend mit (3).

Wenn man nach (3) eine untere Schranke für den j-ten positiven Eigenwert λ^+_j von $M\phi = \lambda N\phi$ bestimmen will, so geht man zweckmäßigerweise folgendermaßen vor: Als erstes berechnet man unter Verwendung von $v_1,\ldots,v_n$ (vgl. V4) nach dem Verfahren von Rayleigh und Ritz obere Schranken für die positiven Eigenwerte von $M\phi = \lambda N\phi$. Dabei wird man auf die Matrix-Eigenwertaufgabe $Pz = \Lambda Qz$ (vgl. (1)) geführt und erhält als obere Schranke für λ^+_i die Zahl Λ^+_i $(i=1,\ldots,r)$. Sodann muß man sich grobe untere Schranken L_i für die Eigenwerte λ^+_i verschaffen. Zu diesem Zweck sucht man sich eine Eigenwertaufgabe $M^{(o)}\phi = \lambda N^{(o)}\phi$, deren positive Eigenwerte untere Schranken für die entsprechenden Eigenwerte von $M\phi = \lambda N\phi$ sind; die Eigenwertaufgabe $M^{(o)}\phi = \lambda N^{(o)}\phi$ wird dabei so gewählt, daß ihre Eigenwerte oder zumindest untere Schranken für ihre Eigenwerte bekannt sind. L_i wird dann gleich dem i-ten positiven Eigenwert von $M^{(o)}\phi = \lambda N^{(o)}\phi$ bzw. gleich der für diesen Eigenwert bekannten unteren Schranke gesetzt. Nun überprüft man, ob für ein $m\in\mathbb{N}$ mit $m<r$ und ein $q\in\mathbb{N}$ mit

$$q \leq j \leq m+q-1 \tag{4}$$

die Bedingung

$$\Lambda^+_m < L_{m+q} < \Lambda^+_{m+1} \tag{5}$$

erfüllt ist. Ist dies der Fall, so kann man ρ gleich L_{m+q} setzen und nach (3) eine untere Schranke für λ^+_j berechnen.

Die nach (3) erhaltenen Schranken sind im allgemeinen

wesentlich besser als die zunächst ermittelten Schranken L_i. Der Einschließungssatz aus § 1 ermöglicht es also, mit Hilfe grober unterer Schranken genauere untere Schranken für die Eigenwerte zu bestimmen.

Falls (5) für kein $m \in \mathbb{N}$ mit $m<r$ und kein $q \in \mathbb{N}$ mit $q \leq j \leq m+q-1$ erfüllt ist, so kann man offensichtlich die Ungleichung (3) nicht unmittelbar zur Berechnung einer unteren Schranke für λ_j^+ verwenden. In einem solchen Fall kann jedoch eine wiederholte Anwendung des Einschließungssatzes aus § 1 zum Ziel führen; dies wird in § 4 skizziert.

§ 3. Die Anwendung des in § 1 angegebenen Einschließungssatzes soll nun an Hand eines Beispiels erläutert werden. Velte [10] untersuchte im Zusammenhang mit einem Problem aus der Hydrodynamik die Eigenwertaufgabe

$$\begin{aligned} &\Delta^2\phi = \lambda\frac{\partial\theta}{\partial x}; \quad \Delta\theta = \frac{\partial\phi}{\partial x} && \text{in } \Omega, \\ &\phi = 0, \quad \operatorname{grad}\phi = 0; \ \theta = 0 && \text{auf } \partial\Omega, \end{aligned} \tag{6}$$

wobei

$$\Omega := \{(x,y)\in\mathbb{R}^2 : |x|<\frac{d}{2} \quad |y|<\frac{1}{2}\}, \tag{7}$$

d eine positive reelle Zahl und $\partial\Omega$ der Rand von Ω ist. Von besonderem Interesse ist die Frage, ob für beliebiges d stets zum kleinsten Eigenwert von (6) eine Eigenfunktion ϕ gehört, die in beiden Variablen gerade ist. Diese bei Velte offengebliebene Frage konnte mit Hilfe des in § 1 angegebenen Einschließungssatzes geklärt werden. Dazu wurden folgende Definitionen getroffen: Es wurde

$$H:=\{f\in W_o^{2,2}(\Omega) \ : \ f(x,y)=f(x,-y)=f(-x,y) \text{ für } (x,y)\in\Omega\},$$

$$D:=H, \ X:=L^2(\Omega), \ Tf:=\Delta f \text{ für alle } f\in D,$$

$$b(f,g):=\int_\Omega f\overline{g}\,dxdy \text{ für alle } f,g\in X$$

gesetzt. Als Skalarprodukt $\langle\cdot,\cdot\rangle$ in H wurde das Skalarprodukt des Raumes $W^{2,2}(\Omega)$ verwendet (bezüglich $W^{2,2}(\Omega)$ und $W_o^{2,2}(\Omega)$ siehe [9]). Die Operatoren $M:H\to H$ und $N:H\to H$ wurden definiert durch die Forderung, daß

$$\langle f,Mg\rangle = \int_\Omega \Delta f \, \Delta\overline{g} \, dxdy,$$

$$\langle f,Ng\rangle = \int_\Omega \left\{\frac{\partial(Gf)}{\partial x}\frac{\partial(\overline{Gg})}{\partial x} + \frac{\partial(Gf)}{\partial y}\frac{\partial(\overline{Gg})}{\partial y}\right\}dxdy$$

für alle $f,g\varepsilon H$ gilt, wobei Gu für alle $u\varepsilon H$ die schwache Lösung des Dirichletproblems

$$\begin{aligned} \Delta(Gu) &= \frac{\partial u}{\partial x} && \text{in } \Omega, \\ Gu &= 0 && \text{auf } \partial\Omega \end{aligned} \tag{8}$$

ist. Zur Festlegung von n, $v_1,\ldots,v_n$ und $w_1,\ldots,w_n$ wurden zunächst natürliche Zahlen τ und σ gewählt; n wurde definiert durch

$$n := \tau^2, \tag{9}$$

$v_i(x,y)$ und $w_i(x,y)$ wurden für alle $(x,y)\varepsilon\Omega$ und $i=1,\ldots,n$ erklärt durch

$$v_i(x,y) := [(-1)^s - \cos(2\pi s d^{-1}x)][(-1)^t - \cos(2\pi t y)], \tag{10}$$

$$\begin{aligned} w_i(x,y) := &\tfrac{1}{4}s^2\pi^2 d^{-2}\cos(2\pi s d^{-1}x)F_t(s\pi d^{-1},2y) \\ &+ \sum_{j=1}^{\sigma}\alpha_{ij}\cosh(j\pi x)\cos(j\pi y); \end{aligned} \tag{11}$$

hierbei sind s und t durch die Bedingungen $s\varepsilon\mathbb{N}$, $t\varepsilon\mathbb{N}$, $s\leq\tau$, $t\leq\tau$ und $i=\tau(s-1)+t$ festgelegt; $F_j(\xi,\cdot)$ bezeichnet für alle natürlichen Zahlen j und alle positiven reellen Zahlen ξ diejenige Funktion aus $C^4([-1,1])$, die die Eigenschaften

$$F_j(\xi,x) = F_j(\xi,-x) \quad \text{für alle } x\varepsilon[-1,1],$$

$$\left(-\frac{\partial^2}{\partial x^2} + \xi^2\right)^2 F_j(\xi,x) = (-1)^j - \cos(j\pi x) \quad \text{für alle } x\varepsilon[-1,1],$$

$$\frac{\partial^2 F_j}{\partial x^2}(\xi,1) = \xi^2 F_j(\xi,1),$$

$$\int_{-1}^{1} F_j(\xi,x)\cosh(\xi x)\,dx = 0$$

besitzt; die $(n\times\sigma)$ Matrix $(\alpha_{ij})_{i=1,\ldots,n,\,j=1,\ldots,\sigma}$, deren Elemente in (11) auftreten, ist durch die Forderung festgelegt, daß

$$\int_\Omega w_i(x,y)\cosh(k\pi x)\cos(k\pi y)\,dxdy = 0$$

für $i=1,\ldots,n$ und $k=1,\ldots,\sigma$ gilt.

Um den in V5 auftretenden Parameter ρ in der in § 2 dargestellten Weise bestimmen zu können, wurden Operatoren $M^{(o)}:H\to H$ und $N^{(o)}:H\to H$ definiert durch die Forderung, daß

$$\left\langle f, M^{(o)} g\right\rangle = \int_\Omega \Delta f\, \Delta\overline{g}\, dxdy,$$

$$\left\langle f, N^{(o)} g\right\rangle = \int_\Omega f\overline{g}\, dxdy$$

für alle $f,g\epsilon H$ gilt. Die Eigenwertaufgabe $M^{(o)}\phi = \lambda N^{(o)}\phi$ tritt bei der Berechnung von Schwingungsfrequenzen eingespannter Rechteckplatten auf; untere Schranken für die Eigenwerte finden sich z. B. in [1]. Daß der i-te Eigenwert von $M^{(o)}\phi = \lambda N^{(o)}\phi$ nicht größer ist als der i-te Eigenwert von $M\phi = \lambda N\phi$, ergibt sich aus folgender Abschätzung:

HILFSSATZ 3 Für alle $u\epsilon H$ gilt $\left\langle u, Nu\right\rangle \leq \int_\Omega |u|^2 dxdy$.

Beweis: Es sei $u\epsilon H$. Für alle $f\epsilon W_o^{1,2}(\Omega)$ erhält man

$$\int_\Omega \text{gradf}\ \text{grad}(Gu)\,dxdy = -\int_\Omega f\,\frac{\partial u}{\partial x}\,dxdy$$

auf Grund von (8). Es gilt also

$$\int_\Omega |\text{grad}(Gu)|^2 dxdy = \int_\Omega u\,\frac{\partial(\overline{Gu})}{\partial x}\,dxdy.$$

Hieraus folgt

$$\begin{aligned}&\int_\Omega |u|^2 dxdy\\ &= \int_\Omega \left(2|\text{grad}(Gu)|^2 - \left|\frac{\partial(Gu)}{\partial x}\right|^2 + \left|u - \frac{\partial(Gu)}{\partial x}\right|^2\right)dxdy\\ &\geq \int_\Omega |\text{grad}(Gu)|^2 dxdy\\ &= \left\langle u, Nu\right\rangle,\end{aligned}$$

was zu zeigen war.

Die Wahl des in V5 auftretenden Parameters ρ soll nun näher erläutert werden für den Fall, daß eine untere Schranke für den kleinsten Eigenwert von $M\phi = \lambda N\phi$ gesucht ist und daß $d=2$ und $\tau=3$ gesetzt wird (bezüglich d und τ vgl. (7) bzw. (9)). Wenn man unter Verwendung der Funktionen $v_1,\dots,v_9$ (vgl. (10)) nach dem Verfahren von Rayleigh und Ritz obere Schranken Λ_i^+ für die Eigenwerte von $M\phi = \lambda N\phi$ berechnet und untere Schranken L_i für die Eigenwerte von $M^{(o)}\phi = \lambda N^{(o)}\phi$ aus [1] entnimmt, so erhält man die in Tabelle 1 aufgeführten Zahlen.

i	L_i	Λ_i^+
1	$6{,}0390\ldots \cdot 10^2$	$2{,}6416\ldots \cdot 10^3$
2	$2{,}0003\ldots \cdot 10^3$	$5{,}7103\ldots \cdot 10^3$
3	$7{,}5846\ldots \cdot 10^3$	$1{,}3409\ldots \cdot 10^4$
4	$1{,}5183\ldots \cdot 10^4$	$8{,}3092\ldots \cdot 10^4$
5	$2{,}0158\ldots \cdot 10^4$	$1{,}1060\ldots \cdot 10^5$
6	$2{,}2553\ldots \cdot 10^4$	$6{,}1327\ldots \cdot 10^5$
7	$3{,}2420\ldots \cdot 10^4$	$6{,}7687\ldots \cdot 10^5$
8	$5{,}4488\ldots \cdot 10^4$	$1{,}2981\ldots \cdot 10^6$
9	$5{,}5891\ldots \cdot 10^4$	$9{,}5187\ldots \cdot 10^6$

Tabelle 1

Da eine untere Schranke für den kleinsten Eigenwert von $M\phi = \lambda N\phi$ gesucht wird, muß auf Grund von (4) die in (5) auftretende Zahl q gleich 1 sein. Die Bedingung (5) lautet $\Lambda_m^+ < L_{m+1} < \Lambda_{m+1}^+$; sie ist für m=2 und m=3 erfüllt. Als Parameter ρ kann in (3) also 7 584 oder 15 183 gewählt werden.

Einige numerische Ergebnisse sind in den Tabellen 2 und 3 zusammengestellt. Die ersten vier Spalten enthalten für verschiedene Möglichkeiten der Wahl von τ und σ (vgl. (9) und (11)) die nach (3) berechneten unteren Schranken für den kleinsten Eigenwert von $M\phi = \lambda N\phi$. Obere Schranken für diesen Eigenwert, die unter Verwendung von $v_1,\dots,v_n$ (vgl. (9) und (10)) nach dem Verfahren von Rayleigh und Ritz bestimmt wurden, finden sich in der fünften Spalte.

Für alle Werte von d wird im folgenden der kleinste Eigenwert von (6), der zu einer in beiden Variablen geraden Eigenfunktion ϕ gehört, mit $\lambda^g(d)$ und der kleinste Eigenwert von (6), der zu einer in x ungeraden und in y geraden Eigenfunktion

Tabelle 2

$\tau \backslash \sigma$	untere Schranken				obere Schranken
	1	3	5	7	
2	890,7	2 302,4	2 521,3	2 539,9	2 701,8
3	1 291,2	2 461,1	2 574,2	2 586,2	2 641,7
4	1 339,5	2 478,8	2 584,3	2 595,7	2 623,6
5	1 356,4	2 485,4	2 588,4	2 599,6	2 616,3
6	1 364,1	2 488,6	2 590,4	2 601,5	2 612,7

$\rho = 7\,584; \quad d = 2$

Tabelle 3

$\tau \backslash \sigma$	untere Schranken				obere Schranken
	1	3	5	7	
3	1 482,2	2 507,2	2 589,2	2 598,3	2 641,7
4	1 560,2	2 515,5	2 592,9	2 601,7	2 623,6
5	1 579,5	2 518,3	2 594,4	2 603,1	2 616,3
6	1 587,6	2 519,6	2 595,2	2 603,9	2 612,7

$\rho = 15\,183; \quad d = 2$

ϕ gehört, mit $\lambda^u(d)$ bezeichnet. Aus Tabelle 3 entnimmt man $\lambda^g(2) \geq 2\,603{,}9$; mit Hilfe des Verfahrens von Rayleigh und Ritz erhält man $\lambda^u(2) \leq 2\,386{,}4$. Hiermit ist gezeigt, daß nicht für alle Werte von d eine in beiden Variablen gerade Eigenfunktion ϕ zum kleinsten Eigenwert von (6) gehört. In analoger Weise kann man auch $\lambda^u(4) < \lambda^g(4)$ beweisen. Boeck [2] hat mit Hilfe des in § 1 zitierten Einschließungssatzes untere Schranken für $\lambda^u(d)$ bestimmt und gezeigt, daß $\lambda^g(d) < \lambda^u(d)$ für d=1, d=3 und d=5 gilt. Einen Überblick über das Verhalten von $\lambda^g(d)$ und $\lambda^u(d)$ gibt die Abbildung 1.

§ 4. Bei dem gegen Ende von § 2 geschilderten Verfahren zur Berechnung von Eigenwertschranken spielen zwei Eigenwertaufgaben eine Rolle, nämlich neben der Aufgabe $M\phi = \lambda N\phi$, für deren Eigenwerte untere Schranken berechnet werden sollen, noch die Aufgabe $M^{(o)}\phi = \lambda N^{(o)}\phi$, mit deren Hilfe die groben unteren Schranken L_i gewonnen werden. Eine solche Eigenwertaufgabe $M^{(o)}\phi = \lambda N^{(o)}\phi$ soll als die bei der Berechnung von Eigenwertschranken für $M\phi = \lambda N\phi$ verwendete Hilfsaufgabe bezeichnet werden.

Häufig kommt es vor, daß man zwar zu einer gegebenen Eigenwertaufgabe $M\phi = \lambda N\phi$ eine Eigenwertaufgabe $M^{(o)}\phi = \lambda N^{(o)}\phi$ findet, deren positive Eigenwerte bekannt und untere Schranken für die entsprechenden Eigenwerte von $M\phi = \lambda N\phi$ sind, daß aber das in § 2 geschilderte Verfahren nicht zum Erfolg führt, weil (5) nicht erfüllt ist. In einem solchen Fall erweist sich oft das im folgenden skizzierte Vorgehen als nützlich. Man wählt in geeigneter Weise p weitere Eigenwertaufgaben $M^{(i)}\phi = \lambda N^{(i)}\phi$ $(i=1,\ldots,p)$; zur Vereinfachung der Darstellung wird noch $M^{(p+1)}:=M$ und $N^{(p+1)}:=N$ gesetzt. Man berechnet nun zunächst nach dem Verfahren aus § 2 untere Schranken für die Eigenwerte von $M^{(1)}\phi = \lambda N^{(1)}\phi$, wobei man die Aufgabe $M^{(o)}\phi = \lambda N^{(o)}\phi$ als Hilfsaufgabe verwendet. Sodann ermittelt man Eigenwertschranken für $M^{(2)}\phi = \lambda N^{(2)}\phi$ unter Verwendung von $M^{(1)}\phi = \lambda N^{(1)}\phi$ als Hilfsaufgabe. So fährt man fort, bis man schließlich Eigenwertschranken

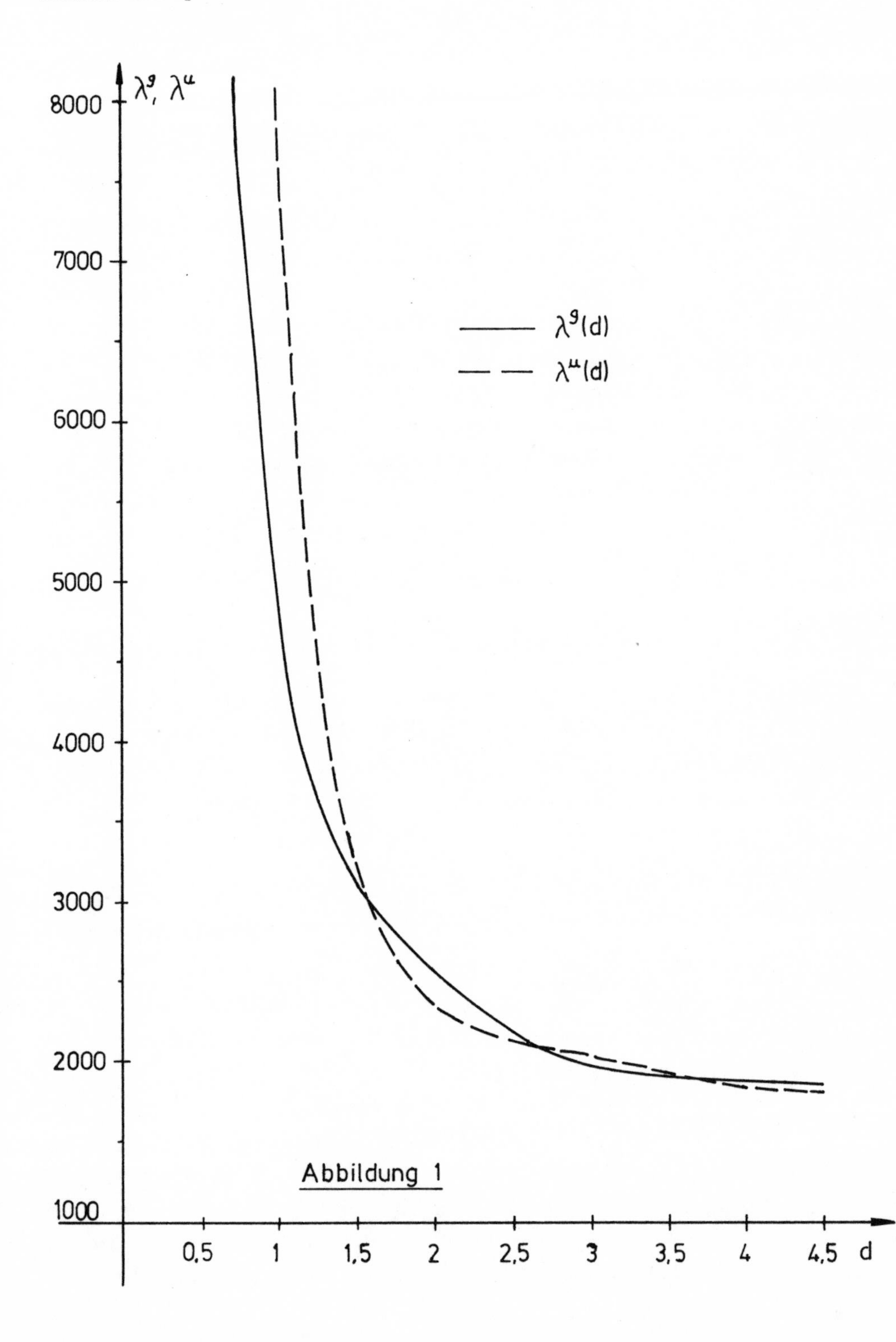

λ^g, λ^u
8000
7000
6000
5000
4000
3000
2000
1000
$\lambda^g(d)$
$\lambda^u(d)$
0,5
1
1,5
2
2,5
3
3,5
4
4,5
d

Abbildung 1

für die Aufgabe $M^{(p+1)}\phi = \lambda N^{(p+1)}\phi$, die ja mit der gegebenen Aufgabe $M\phi = \lambda N\phi$ übereinstimmt, erhält. - Natürlich setzt dieses Vorgehen zweierlei voraus, nämlich daß die positiven Eigenwerte von $M^{(i)}\phi = \lambda N^{(i)}\phi$ untere Schranken für die entsprechenden Eigenwerte von $M^{(i+1)}\phi = \lambda N^{(i+1)}\phi$ sind und daß man mit Hilfe der für $M^{(i)}\phi = \lambda N^{(i)}\phi$ ermittelten Schranken in der in § 2 geschilderten Weise Eigenwertschranken für $M^{(i+1)}\phi = \lambda N^{(i+1)}\phi$ berechnen kann (i=0,...,p). Die Eigenwertaufgaben $M^{(i)}\phi = \lambda N^{(i)}\phi$ müssen also so gewählt werden, daß diese Bedingungen erfüllt sind.

Das skizzierte Vorgehen soll nun durch ein Beispiel verdeutlicht werden. Gesucht wird eine untere Schranke für den kleinsten positiven Eigenwert der Eigenwertaufgabe

$$\begin{aligned} -\Delta\phi(x,y) &= -\lambda\phi(-x,-y) && \text{für } (x,y)\in\Omega, \\ \phi(x,y) &= \phi(y,x) && \text{für } (x,y)\in\Omega, \\ \phi &= 0 && \text{auf } \Gamma, \\ \frac{\partial\phi}{\partial\nu} &= 0 && \text{auf } \partial\Omega-\Gamma, \end{aligned} \tag{12}$$

(vgl. [3], S. 528); hierbei sind $\Omega := \{(x,y)\in\mathbb{R}^2 : |x|<1 \wedge |y|<1\}$, $\partial\Omega$ der Rand von Ω, $\Gamma := \{(x,y)\in\partial\Omega : x=1 \vee y=1\}$ und ν der Einheitsvektor in Richtung der inneren Normalen von $\partial\Omega$. Grobe untere Schranken für die positiven Eigenwerte dieser Aufgabe erhält man durch Vergleich mit der geschlossen lösbaren Aufgabe

$$\begin{aligned} -\Delta\phi(x,y) &= \lambda\phi(x,y) && \text{für } (x,y)\in\Omega, \\ \phi(x,y) &= \phi(y,x) && \text{für } (x,y)\in\Omega, \\ \phi &= 0 && \text{auf } \Gamma, \\ \frac{\partial\phi}{\partial\nu} &= 0 && \text{auf } \partial\Omega-\Gamma. \end{aligned} \tag{13}$$

Daß der i-te Eigenwert von (13) eine untere Schranke für den i-ten positiven Eigenwert von (12) ist, folgt daraus, daß für alle $f\in L^2(\Omega)$ die Ungleichung

$$\left|\int_\Omega f(-x,-y)\overline{f(x,y)}\,dxdy\right| \le \int_\Omega |f(x,y)|^2 dxdy$$

gilt. Versuche, in der in § 2 geschilderten Weise unter Verwendung von (13) als Hilfsaufgabe eine untere Schranke für den kleinsten positiven Eigenwert von (12) zu berechnen, schlugen fehl; stets war die Bedingung (5) verletzt. Es wurde nun die Eigenwertaufgabe

$$
\begin{aligned}
-\Delta\phi(x,y) &= \lambda[0{,}7\phi(x,y)-0{,}3\phi(-x,-y)] && \text{für } (x,y)\in\Omega,\\
\phi(x,y) &= \phi(y,x) && \text{für } (x,y)\in\Omega,\\
\phi &= 0 && \text{auf } \Gamma, \qquad (14)\\
\frac{\partial\phi}{\partial\nu} &= 0 && \text{auf } \partial\Omega-\Gamma
\end{aligned}
$$

herangezogen. Unter Verwendung von (13) als Hilfsaufgabe gelang es, nach dem Verfahren aus § 2 eine gute untere Schranke für den zweiten positiven Eigenwert von (14) zu bestimmen. Dies ermöglichte es, die Aufgabe (14) als Hilfsaufgabe bei der Berechnung von Schranken für die Eigenwerte von (12) einzusetzen; als untere Schranke für den kleinsten positiven Eigenwert ergab sich 6.48. Das Verfahren von Rayleigh und Ritz lieferte 6.53 als obere Schranke für diesen Eigenwert.

Die vorliegende Arbeit wurde im Rahmen des von Herrn Prof. Dr. J. Albrecht geleiteten Forschungsvorhabens "Weiterentwicklung von Verfahren zur Berechnung von Eigenwertschranken" durch die Deutsche Forschungsgemeinschaft gefördert. Der Verfasser ist der DFG hierfür zu Dank verpflichtet. Gedankt sei auch Herrn cand. math. H. Haunhorst, der sich an der Bearbeitung der Beispiele beteiligt hat.

Literatur

[1] Bazley, N. W., D. W. Fox und J. T. Stadter: Upper and lower bounds for the frequencies of rectangular clamped plates. Z. Angew. Math. Mech. 47 (1967), 191 - 198

[2] Boeck, C., Diplomarbeit TU Clausthal 1980

[3] Collatz, L.: The numerical treatment of differential equations. 3. Aufl., Springer-Verlag, Berlin - Heidelberg - New York 1966

[4] Goerisch, F.: Eine Verallgemeinerung des Lehmann-Maehly-Verfahrens zur Berechnung von Eigenwertschranken. Noch nicht veröffentlicht

[5] Lehmann, N. J.: Beiträge zur numerischen Lösung linearer Eigenwertprobleme. I. Z. Angew. Math. Mech. 29 (1949), 341 - 356

[6] Lehmann, N. J.: Beiträge zur numerischen Lösung linearer Eigenwertprobleme. II. Z. Angew. Math. Mech. 30 (1950), 1 - 16

[7] Lehmann, N. J.: Optimale Eigenwerteinschließungen. Numer. Math. 5 (1963), 246 - 272

[8] Maehly, H. J.: Ein neues Variationsverfahren zur genäherten Berechnung der Eigenwerte hermitescher Operatoren. Helv. Phys. Acta 25 (1952), 547 - 568

[9] Stummel, F.: Rand- und Eigenwertaufgaben in Sobolewschen Räumen. Lecture Notes in Mathematics 102, Springer-Verlag, Berlin - Heidelberg - New York 1969

[10] Velte, W.: Stabilitätsverhalten und Verzweigung stationärer Lösungen der Navier-Stokesschen Gleichungen. Arch. Rat. Mech. Anal. 16 (1964), 97 - 125

Friedrich Goerisch

Institut für Mathematik der TU Clausthal

Erzstraße 1

D 3392 Clausthal-Zellerfeld

ANWENDUNGEN NICHTLINEARER OPTIMIERUNG AUF RANDWERTAUFGABEN BEI PARTIELLEN DIFFERENTIALGLEICHUNGEN

Uwe Grothkopf

The numerical treatment of boundary value problems by approximation methods is demonstrated for some examples. If maximum- or monotonicity principles hold, error bounds are obtained in a very easy way. For linear problems the Simplex method and for nonlinear problems an algorithm of K. Madsen is used. A modifikation of it is presented in case of nonlinear constraints.

Bei der numerischen Behandlung von Randwertaufgaben mit Hilfe von Approximationsmethoden liefert die Verwendung von Maximum- oder Monotonie-Aussagen in vielen Fällen auf einfache Weise Schranken für die Lösung. An einigen Beispielen soll ein Verfahren demonstriert werden, das auch bei nichtlinearem Ansatz mit "vielen" Parametern und feiner Diskretisierung gute numerische Ergebnisse erbracht hat.

Als einführendes Beispiel betrachte man die Laplace-Gleichung in einem Gebiet $B \subset \mathbb{R}^2$, wobei die Randwerte durch eine stetige Funktion $r(x,y)$ gegeben seien:

$$\Delta u = 0 \quad \text{in } B ,$$
$$u = r \quad \text{auf } \partial B .$$

Man nähert die gesuchte Funktion u durch eine bekannte Potentialfunktion w an, die von gewissen Parametern $a_1,\ldots,a_n$ abhängt:

$$u \approx w = w(a_1,\ldots,a_n) = w(a_1,\ldots,a_n,x,y)$$

mit

$$\Delta w = w_{xx} + w_{yy} = 0$$

und hat dann die Aufgabe

$$\|r - w\|_\infty = \max_{(x,y)\in\partial B} |r(x,y) - w(a_1,\dots,a_n,x,y)| \overset{!}{=} \min$$

zu lösen, d.h. man sucht Parameter $\bar{a}_1,\dots,\bar{a}_n$ derart, daß

$$\| r - w(\bar{a}_1,\dots,\bar{a}_n)\|_\infty \leq \| r - w(a_1,\dots,a_n)\|_\infty$$

für alle $a = (a_1,\dots,a_n)\in\mathbb{R}^n$. Der Randmaximumsatz garantiert dann, daß die Differenz

$$\varepsilon = w - u$$

in dem ganzen Gebiet B nicht größer als auf dem Rand wird. Im Falle eines linearen Ansatzes, d.h.

$$w = \sum_{i=1}^{n} a_i\, w_i(x,y) , \qquad \Delta w_i = 0 ,$$

führt eine Diskretisierung von ∂B dann auf die Aufgabe

$$\max_{j=1..m} \left| r_j - \sum_{i=1}^{n} a_i\, w_{ij} \right| \overset{!}{=} \min ,$$

wobei

$$r_j := r(x_j,y_j), \quad w_{ij} := w_i(x_j,y_j) , \quad \begin{array}{l} i=1,\dots,n , \\ j=1,\dots,m \end{array}$$

und die Punkte (x_j,y_j) , $j=1,\dots,m$, eine Diskretisierung des Randes sind. Zur Lösung verwendet man z.B. das Simplexverfahren:

$$a_{n+1} \overset{!}{=} \min$$

unter den Nebenbedingungen

$$\left.\begin{array}{l} r_j - \sum_{i=1}^{n} a_i\, w_{ij} \leq a_{n+1} , \\ -r_j + \sum_{i=1}^{n} a_i\, w_{ij} \leq a_{n+1} . \end{array}\right. \qquad j=1,\dots,m$$

Dieses Vorgehen soll auf den nichtlinearen Fall übertragen werden:

$$\max_j |r_j - w_j(a)| \stackrel{!}{=} \min$$

mit

$$w_j(a) := w(a_1,\dots,a_n,x_j,y_j)$$

(mindestens ein Parameter a_i trete jetzt nichtlinear auf). Mit den Abkürzungen

$$\left.\begin{aligned} f_j(a) &:= r_j - w_j(a), \\ f_{j+m}(a) &:= -f_j(a) \end{aligned}\right\} \quad j=1,\dots,m$$

und $M := 2m$ hat man dann

$$F(a) := \max_{j=1..M} f_j(a) \stackrel{!}{=} \min .$$

Falls die w_j differenzierbar sind nach den Parametern a_i, so gilt für $h \in \mathbb{R}^n$

$$f_j(a+h) \approx f_j(a) + \nabla f_j(a)^T h ,$$

falls $\|h\|$ klein ist. Deshalb wird die Aufgabe

$$F(a) \stackrel{!}{=} \min$$

<u>linearisiert</u>, d.h. ersetzt durch

$$\bar{F}(a,h) := \max_{j=1..M} \left\{ f_j(a) + \nabla f_j(a)^T h \right\} \stackrel{!}{=} \min .$$

Bei gegebenem a ist dies eine (in h) lineare Optimierungsaufgabe, die wieder mit dem Simplexverfahren behandelt werden kann. Da die Linearisierung aber nur lokal eine gute Approximation bedeutet, muß man noch eine Schrittweitenbegrenzung für h einführen. Damit hat der Algorithmus (K. Madsen [6]) folgende Gestalt:

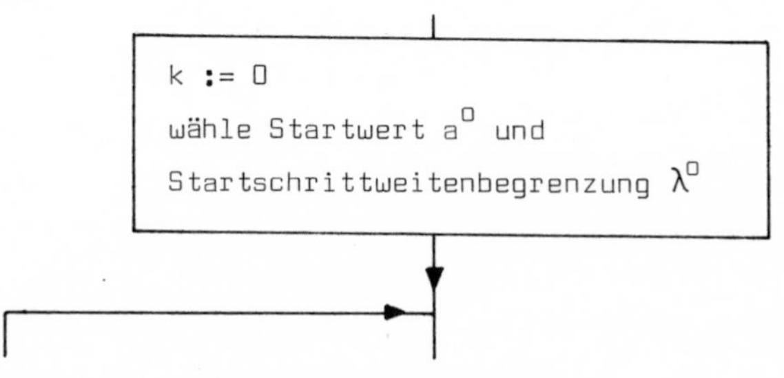

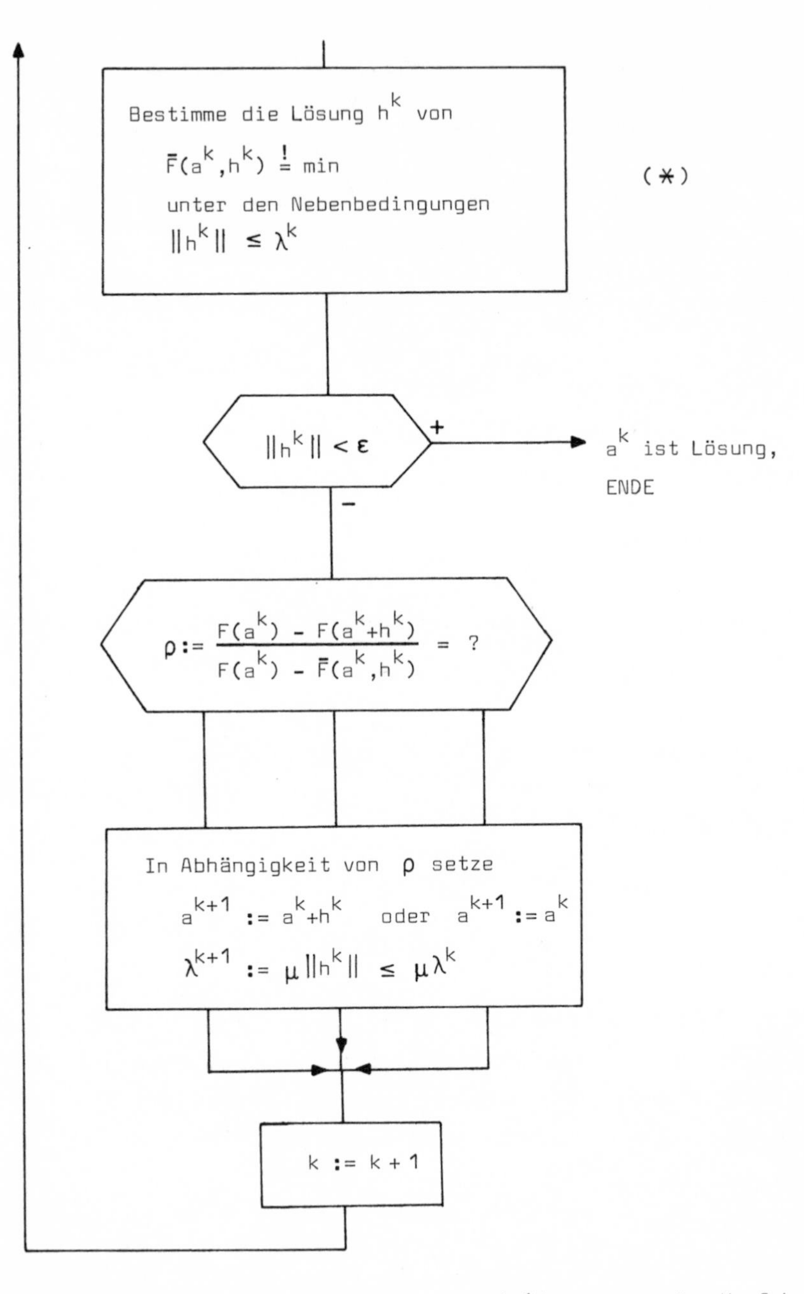

Dabei ist der Schrittweitenfaktor μ entweder $=1$, <1 (Konvergenz des Verfahrens) oder >1 (Beschleunigung des Verfahrens bei guter Approximation der Linearisierung).

Der Vorteil dieses Algorithmus besteht darin, daß der in den Parametern a_i

nichtlineare Ansatz auf (eine Folge von) linearen Aufgaben (✱) zurückgeführt wird, d.h. je nach "Qualität" des LP-Programms können viele Parameter und Nebenbedingungen zugelassen werden.

Beispiel: Als einfaches Strömungsmodell werde der idealisierte Fluß längs einer Schwelle betrachtet. Die Stromlinien werden beschrieben durch die Kurven $u = \text{const}$ einer Funktion $u(x,y)$, die der Potentialgleichung genüge. Es sei $u = 0$ längs der Schwelle, die durch die Funktion $\varphi(x) := 1/(1+2x^2)$ gegeben sei und für wachsendes y soll u (für jedes x) gegen y konvergieren:

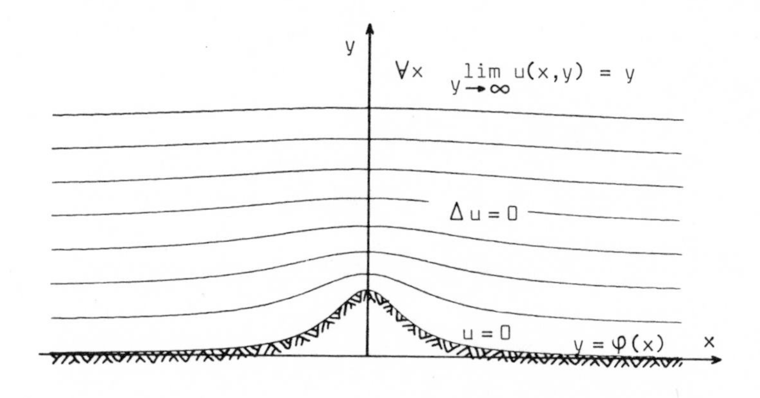

Setzt man $\hat{u} = u - y$, so erhält man die Aufgabe

$$\Delta \hat{u} = 0,$$
$$\hat{u}(x,\varphi(x)) = u(x,\varphi(x)) - \varphi(x) = -\varphi(x) = -1/(1+2x^2),$$
$$\forall x \lim_{y\to\infty} \hat{u}(x,y) = 0.$$

Mit einem Ansatz

$$\hat{u} \approx \hat{w} = \sum_{i=1}^{n} a_i \tilde{w}(a_{i+n},x,y), \quad \tilde{w}(\alpha,x,y) := \frac{y-\alpha}{x^2+(y-\alpha)^2},$$

bleibt dann

$$\max_{x\in\mathbb{R}} \left| \varphi(x) + \sum_{i=1}^{n} a_i \tilde{w}(a_{i+n},x,\varphi(x)) \right| \overset{!}{=} \min .$$

Bei einer Diskretisierung des Intervalls [0,5] mit der Schrittweite 0.01, also

$$x_j := (j-1)/100 \ , \quad j=1,\dots,501 \ ,$$

erhält man folgende Näherungen für $\|\hat{w}-\hat{u}\|_\infty$:

n	$\|\hat{w}-\hat{u}\|_\infty$
1	0.139
2	0.0242
3	0.00442

Im Fall $n=3$ erhält man bei dem (bewußt nicht optimal gewählten) Startwert $a^0 = (0,0,0,0.5,0,-0.5)$ folgenden Ablauf des Algorithmus:

k	h^k	λ^k	$F(a^k) \approx \|\hat{w}-\hat{u}\|_\infty$
0	$4.000\ 10^{-1}$	$4.000\ 10^{-1}$	$7.376\ 10^{-2}$
1	$8.000\ 10^{-1}$	$8.000\ 10^{-1}$	$7.376\ 10^{-2}$
2	$2.000\ 10^{-1}$	$2.000\ 10^{-1}$	$6.533\ 10^{-2}$
3	$5.000\ 10^{-2}$	$5.000\ 10^{-2}$	$2.337\ 10^{-2}$
4	$1.000\ 10^{-1}$	$1.000\ 10^{-1}$	$1.945\ 10^{-2}$
5	$1.000\ 10^{-1}$	$1.000\ 10^{-1}$	$1.639\ 10^{-2}$
6	$1.000\ 10^{-1}$	$1.000\ 10^{-1}$	$1.234\ 10^{-2}$
7	$1.000\ 10^{-1}$	$1.000\ 10^{-1}$	$6.535\ 10^{-3}$
8	$1.215\ 10^{-1}$	$2.000\ 10^{-1}$	$5.442\ 10^{-3}$
9	$1.144\ 10^{-2}$	$1.215\ 10^{-1}$	$4.443\ 10^{-3}$
10	$6.284\ 10^{-5}$	$2.288\ 10^{-2}$	$4.421\ 10^{-3}$
11	$1.273\ 10^{-7}$	$1.257\ 10^{-4}$	$4.421\ 10^{-3}$

Für die Lösung

$$\begin{aligned} a_1 &= -0.059639 \ , & a_4 &= 0.744663 \ , \\ a_2 &= -0.277253 \ , & a_5 &= 0.271423 \ , \\ a_3 &= -0.683207 \ , & a_6 &= -0.790989 \ , \end{aligned}$$

sind in der Zeichnung die Höhenlinien $\hat{w}+y = c$ für $c = 0.5$ bis 3.5 im Abstand 0.5 dargestellt.

Die "Fehlerfunktion" $\hat{w}(x,\varphi(x)) + \varphi(x)$ hat folgende Gestalt:

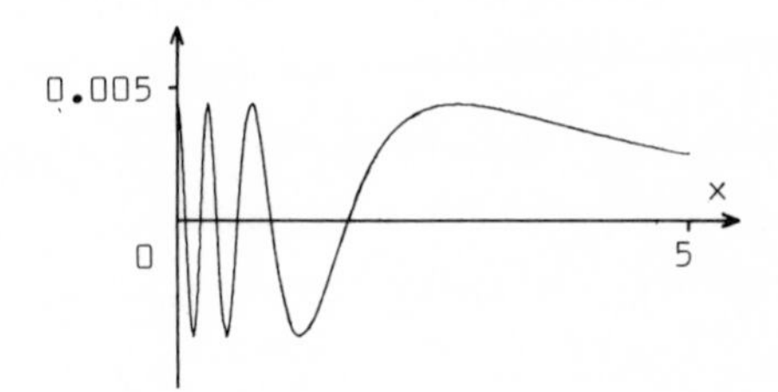

Für viele Anwendungen, insbesondere wenn Monotonieaussagen verwendet werden sollen, fehlt aber noch die Möglichkeit, Nebenbedingungen formulieren zu können (z. B. "einseitige Approximation"). Da (∗) mit einem LP-Programm gelöst wird, ist die Hinzufügung linearer Nebenbedingungen dort möglich (vgl. K. Madsen / Schjær-Jacobsen [7]). Auch im Falle nichtlinearer Nebenbedingungen läßt sich jedoch (unter gewissen Voraussetzungen) der Algorithmus in einer modifizierten Form anwenden (vgl. U. Grothkopf [5]):

$$\max_{j=1..m} f_j(a) \overset{!}{=} \min$$

unter den Nebenbedingungen

$$g_j(a) \geq 0 , \qquad j=1,\ldots,l$$

wird (im Punkt a) linearisiert:

$$h_{n+1} \overset{!}{=} \min$$

unter den Nebenbedingungen

$$f_j(a) + \nabla f_j(a)^T h \leq h_{n+1} , \qquad j=1,\ldots,m ,$$

$$g_j(a) + \nabla g_j(a)^T h \geq 0 , \qquad j=1,\ldots,l .$$

Dies ist wieder ein in den n+1 Variablen $h_1,\ldots,h_n,h_{n+1}$ lineares Problem! Die Schrittweitenbegrenzung wird hier weggelassen - weil die Nebenbedingungen auch linearisiert werden müssen, ist ja ohnehin für die nächstfolgende Näherung $a^{(k+1)}$ nicht einmal die Zulässigkeit gesichert. Unter welchen Voraussetzungen der Algorithmus trotzdem (und dann sogar quadratisch) konvergiert, ist in [5] beschrieben. Die Erfahrung hat gezeigt, daß die Anwendung in den meisten Fällen möglich ist.

Beispiel: Die am Ufer eines zugefrorenen Sees zugeführte Wärmemenge entspreche $h(t) = t \geq 0$. Die Breite des getauten Eises, d.h. der Abstand der Wasser-Eis-Grenze vom Ufer werde mit $s(t)$ bezeichnet. Bei geeigneter Wahl

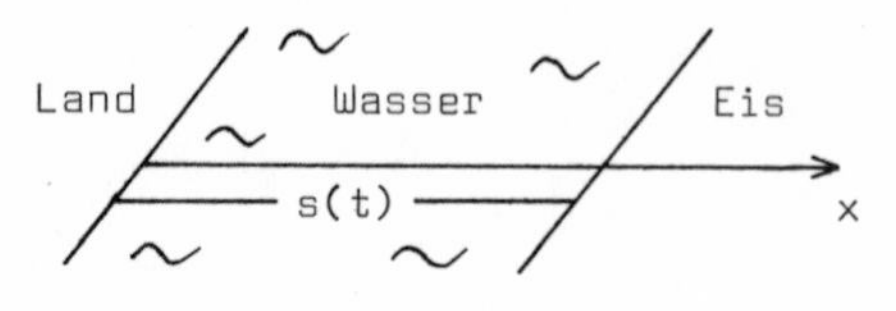

der Dimensionen läßt sich das Problem beschreiben durch die Wärmeleitungsgleichung

$$Lu = u_t - u_{xx} \overset{!}{=} 0 \quad \text{in} \quad B = \{(x,t) \mid t \geq 0,\ 0 \leq x \leq s(t)\}$$

und die Randbedingungen

$$u = h(t) = t \qquad \text{für} \quad x = 0\,,$$
$$u = 0,\ u_x + \dot{s} = 0 \qquad \text{für} \quad x = s(t)\,.$$

$s(t)$ ist der gesuchte "freie Rand" dieses "Stefan-Problems".

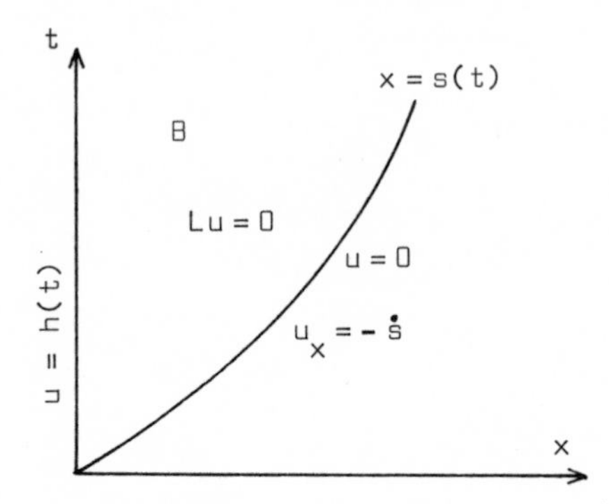

Bei einem Ansatz (vgl. Collatz [2])

$$u \approx w = w(a,x,t)$$

sei $w = 0$ für $x = \hat{s}(t) = \hat{s}(a,t)$ und außerdem

$$\text{i)} \quad w_x + \hat{s}_t = 0 \qquad \text{für} \quad x = \hat{s}(t)\,,$$
$$\text{ii)} \quad w(0,t) \geq h(t) \qquad \text{für} \quad 0 \leq t \leq T\,,$$
$$\text{iii)} \quad Lw \geq 0 \qquad \text{für} \quad 0 \leq t \leq T, \quad 0 \leq x \leq \hat{s}(t)\,.$$

Dann gilt (vgl. Glashoff / Werner [4])

$$\hat{s} \geq s \qquad \text{für} \qquad t \leq T$$

(Analog erhält man eine untere Schranke). Der Ansatz

$$w(a,x,t) = (\hat{s}(t) - x)\,\hat{s}_t(t) + a_1(\hat{s}(t) - x)^2$$

erfüllt i) für beliebiges $\hat{s}(t)$, insbesondere für

$$\hat{s}(t) = \hat{s}(a,t) = t - a_2 t^2 .$$

Damit erhält man durch das Lösen der folgenden Aufgabe eine obere Schranke für $s(t)$:

$$\hat{s}(a,T) \overset{!}{=} \min$$

unter den Nebenbedingungen

$$w(a,0,t) \geq h(t) \quad \text{für} \quad t \leq T ,$$

$$Lw(a,x,t) \geq 0 \quad \text{für} \quad t \leq T , \quad x = 0 \text{ und } x = \hat{s}(a,t) .$$

Die Beschränkung auf $x = 0$, $x = \hat{s}(a,t)$ bei der Betrachtung von Lw ist ausreichend, da Lw linear in x ist! Man diskretisiert

$$t_j := \frac{j-1}{k-1}\, T \qquad (j=1,\ldots,k)$$

und setzt

$$f_1(a) := \hat{s}(a,T) , \qquad (m = 1)$$

$$g_j(a) := w(a,0,t_j) - h(t_j) ,$$
$$g_{j+k}(a) := Lw(a,0,t_j) , \qquad (j=1,\ldots,k ;\ l = 3k)$$
$$g_{j+2k}(a) := Lw(a,\hat{s}(a,t_j),t_j) .$$

Für $T := 1$, $l := 603$ erhält man

$$a_1 = 0.327432, \quad a_2 = 0.095381, \qquad s(1) \leq 0.905,$$

und analog eine untere Schranke:

$$\tilde{a}_1 = 0.500000, \quad \tilde{a}_2 = 0.166445, \qquad s(1) \geq 0.834.$$

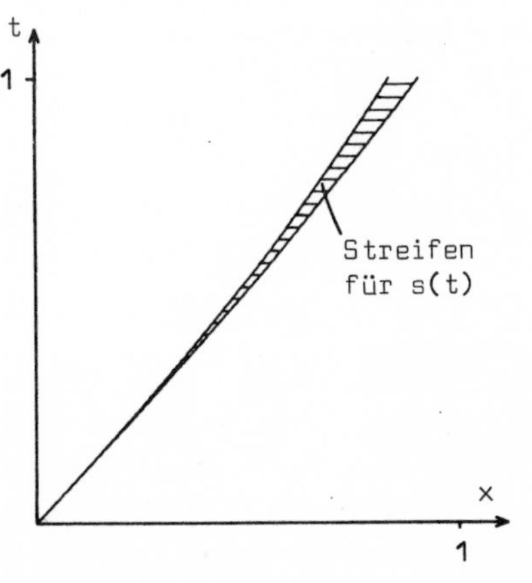

Man erhält auf die beschriebene Weise natürlich zunächst nur Lösungen der diskretisierten (finiten) Probleme. Ausgehend von diesen Näherungen läßt sich im linearen Fall (unter Einbeziehung der "Dualvariablen") ein nichtlineares Gleichungssystem für die kontinuierliche (semi-infinite) Lösung aufstellen und etwa mit dem Newton-Verfahren lösen; dieses Vorgehen ist ausführlich beschrieben in Glashoff / Gustafson [3].

Im nichtlinearen Fall sei $\bar{a}$ die Lösung des kontinuierlichen Problems. Für das <u>in $\bar{a}$ linearisierte</u> Problem stellt man nun wieder (ausgehend von der diskreten Näherung - $\bar{a}$ ist ja zunächst nicht bekannt) ein nichtlineares Gleichungssystem auf; in diesem Fall ist der primale Lösungsvektor bekannt, nämlich $h = 0$, als Unbekannte treten dafür aber (in gleicher Anzahl) die Komponenten von $\bar{a}$ hinzu. Damit läßt sich genau wie im linearen Fall das Newton-Verfahren anwenden (mit der Lösung des finiten Problems als Startwert).

Meistens wird man jedoch schon mit einer hinreichend feinen, diskreten Lösung zufrieden sein und sich anhand der Fehlerfunktion davon überzeugen, daß der Diskretisierungsfehler nicht zu groß ist.

Ich danke Herrn Prof. Collatz für zahlreiche wertvolle Anregungen.

LITERATUR

[1] Collatz, L.: Numerical Treatment of some Singular Boundary Value Problems. Colloquia Mathematica Societatis Janos Bolyai, 22. Numerical Methods, Keszthely (Hungary) (1977) , 133-151.

[2] Collatz, L.: Some Applications of Polynomial and Spline-Approximation. D. Reidel Publishing Company, Badri N. Sahney(ed.), Polynomial and Spline Approximation (1979), 1-15.

[3] Glashoff, K. / Gustafson, S.-Å.: Einführung in die lineare Optimierung. Wissenschaftliche Buchgesellschaft, Darmstadt (1978).

[4] Glashoff, K. / Werner, B.: Monotonicity in a Stefan Problem for the Heat Equation. Numer. Funct. Anal. and Optimiz., 1(4), (1979), 431-440.

[5] Grothkopf, U.: Simplexverfahren und gleichmäßige Approximation. Diplomarbeit, Universität Hamburg (1979).

[6] Madsen, K.: An Algorithm for Minimax Solution of Overdetermined Systems of Non-linear Equations. Journal of the Institute of Mathematics and its Applications 16 (1975), 321-328.

[7] Madsen, K. / Schjær-Jacobsen, H.: Linearly Constrained Minimax Optimization. Math. Programming 14 (1978), 208-223.

Uwe Grothkopf, Institut für Angewandte Mathematik
der Universität Hamburg, Bundesstrasse 55, D-2000 Hamburg 13

EIN FOURIER-ALGORITHMUS FÜR DIE ANFANGSWERTAUFGABE DER DREIDIMENSIONALEN WIRBELTRANSPORTGLEICHUNG

Friedrich-Karl Hebeker

A Fourier algorithm is given in order to solve the initial value problem to the (suitably modified) equation of transport of vorticity for viscous incompressible fluids in the R^3. The algorithm turns out to be stable and convergent with linear convergence velocity. A test problem is elaborated.

1. EINLEITUNG

Es sei $v = v(t,x)$ das Geschwindigkeitsfeld, $w(t,x) = (\text{rot } v)(t,x)$ das zugehörige Wirbelfeld einer Strömung im R^3. Unter gewissen Regularitätsannahmen ist die Anfangswertaufgabe der Navier-Stokes-Gleichung äquivalent zur Anfangswertaufgabe der Wirbeltransportgleichung [1])

$$(W) \qquad \begin{aligned} & w_t + v\cdot\nabla w = \Delta w + w\cdot\nabla v, \quad v = Kw, \\ & w \to o \text{ für } \|x\| \to \infty, \; w = w_o, \; \text{div } w_o = o \text{ bei } t=o. \end{aligned}$$

Dabei ist K der Biot-Savart-Operator aus [7,S.165].

Für die räumliche Wirbeltransportaufgabe (W) haben wir in [2] ein von Rautmann [5] für das entsprechende ebene Problem eingeführtes abstraktes Näherungsverfahren weiterentwickelt. Hier wollen wir dieses Näherungsverfahren zu einem rechenfähigen Algorithmus für die Wirbeltransportaufgabe mit einer Differenzennäherung

$$(\bar{W}) \qquad \begin{aligned} & w_t + v\cdot\nabla w = \Delta w + \frac{1}{\varepsilon}\left\{ v(t,x+\varepsilon w) - v(t,x)\right\}, \quad v = \bar{K}w, \\ & w \to o \text{ für } \|x\| \to \infty, \; w = w_o, \; \text{div } w_o = o \text{ bei } t = o \end{aligned}$$

($\varepsilon > o$) ausbauen. Dabei sei

$$(\bar{K}w)(t,x) = \int_{R^3} \nabla\bar{\gamma}\,(x-x') \times w\,(t,x')\,dx'$$

der modifizierte Biot-Savart-Operator, wobei $\bar{\gamma}$ durch räumliche Mittelung (Mittelungsradius ε) aus der Funktion $\gamma_\varepsilon : \gamma_\varepsilon(y) = (4\pi\|y\|^{-1})\exp(-\varepsilon\|y\|)$ für $\|y\| > \varepsilon$, $\gamma_\varepsilon(y) = (4\pi\varepsilon)^{-1}\exp(-\varepsilon^2)$ für $\|y\| \le \varepsilon$ hervorgeht.

---

1) Im R^3 bezeichne $\|\cdot\|$ die euklidische, $|\cdot|$ die Maximumnorm.

Es sei $w_o \in C^7_\alpha (R^3)$ mit $\alpha > o$, d.h. $w_o \in C^7 (R^3)$ und

$$\text{(1)} \qquad \sup_{x \in R^3} (1+x^2)^\alpha |w_o^{(i)}(x)| < \infty$$

für alle partiellen Ableitungen der Ordnung $0 \leq i \leq 7$. Die Methoden aus [2] ergeben eine für alle Zeiten eindeutig existierende klassische Lösung w von $(\bar{W})$. Es gilt in jedem kompakten Zeitintervall $[o,a]$

$$\text{(2)} \qquad \sup_{t \in [o,a]} \sup_{x \in R^3} (1+x^2)^\alpha |w^{(i)}(t,x)| < \infty$$

für alle räumlichen Ableitungen der Ordnung $0 \leq i \leq 4$ sowie für die erste zeitliche Ableitung. Wir fixieren nun ein Zeitintervall $[o,a]$.

Für die numerische Berechnung von w führen wir den folgenden Algorithmus ein. Durch Lagrangetransformation erhält man aus $(\bar{W})$ein Wärmeleitungsproblem im R^3. Es wird mit einer Fourier-Methode gelöst, die im wesentlichen besteht aus

a) Diskretisierung bzgl. der Zeitvariablen t,

b) Ausschöpfung des R^3 durch eine Folge von Würfeln,

c) Wahl einer geeigneten Folge von Partialsummen der Fourier-Reihe.

Zur Stabilisierung des Algorithmus (siehe Lemma 3.2) werden die Näherungsfunktionen in Randnähe noch geeignet abgeschnitten.

Zwecks Beschränkung auf die entscheidenden Probleme untersuchen wir den Algorithmus nur in semidiskreter Form (d.h. Diskretisierung nur bzgl. t). So vernachlässigen wir das (vergleichsweise einfache) Problem der numerischen Quadratur von Riemannintegralen.

Ziel unserer Untersuchung ist der Nachweis, daß der Algorithmus für hinreichend kleine Zeitschrittweiten stabil und konvergent ist mit linearer Konvergenzgeschwindigkeit. Diese Aussage beruht auf dem Lemma 3.2 über die gleichmäßige Beschränktheit der Gradienten von Lösungen von Wärmeleitungsaufgaben (eine"Bernstein-Abschätzung"). Für detaillierte Beweise müssen wir auf [2,Kap.IV] verweisen. Über entsprechende Resultate und numerische Testrechnungen beim ebenen Wirbeltransportproblem siehe [3].

In 2. wird der Algorithmus erklärt. Seine Stabilität wird in 3. bewiesen, in 4. findet sich der Nachweis der Konsistenz. Damit ergibt ein Induktionsschluß in 5. die Konvergenz des Algorithmus. In 6. werden wir über eine Testrechnung berichten.

2. DER ALGORITHMUS

Die Bahnkurve x(t) einer Flüssigkeitspartikel unter dem Einfluß eines Strömungsfeldes v berechnet sich aus der Anfangswertaufgabe

(3) $\dot{x} = v(t,x),\ x(s) = x_s.$

Deren allgemeine Lösung sei $X(t,s,x_s)$. Dann überführt die Lagrange-Transformation $\hat{w}(t,x_o) = w(t,X(t,0,x_o))$

die Aufgabe $(\bar{W})$ in ein Problem, das auf kleinen Zeitintervallen mit sehr guter Genauigkeit durch die Wärmeleitungsaufgabe

$$(4) \qquad \hat{w}_t - \Delta\hat{w} = \frac{1}{\varepsilon}\left\{v_o(x_o + \varepsilon w_{o,\delta}(x_o)) - v_o(x_o)\right\}$$

$$\hat{w} \to 0 \text{ für } \|x_o\| \to \infty,\ \hat{w} = w_o \text{ bei } t = o$$

ersetzt werden kann. Dabei ist $v_o = \bar{K}w_o$ das Anfangs-Geschwindigkeitsfeld, $w_{o,\delta}$ das geglättete Anfangswirbelfeld (Mittelungsradius δ=t). Die Lagrange-Rücktransformation führt zu der für kleine Zeiten näherungsweise geltenden Wirbeldarstellung

$$(5) \qquad w(t,x) = \hat{w}(t,x-tv_o(x)).$$

Diese Beziehung ist der Ausgangspunkt für den Algorithmus. Zunächst benötigen wir noch eine Reihe von Bezeichnungen.

DEFINITION. Im Folgenden bezeichnen $c_1, c_2, \ldots\ldots$ (nicht näher interessierende) individuelle Konstanten, c eine (nicht näher interessante) globale Konstante. Die Konstanten dürfen nur von ε, a, α sowie w_o abhängen.

Mit einer Zahl $c_1 > 0$ sei durch

$$Q^h = [-c_1 h^{-\frac{1}{\alpha}},\ c_1 h^{-\frac{1}{\alpha}}]^3$$

eine Folge von Würfeln definiert; wir bezeichnen mit Q^h_δ den Würfel

$$Q^h_\delta = \{x \in Q^h : \text{Randabstand von } x \text{ ist} \geq \delta\}.$$

Diese Definition wird motiviert durch folgende Abschätzung :

$$|w(t,x)| \leq c_2 h^2 \text{ für } x \in R^3 \setminus Q^h_{5\varepsilon}.$$

Sie erlaubt es, die Abklingbedingung "$\hat{w} \to 0$ für $\|x_o\| \to \infty$" in (4) ohne Genauigkeitsverlust zu ersetzen durch die (finite) Randbedingung "$\hat{w} = 0$ auf ∂Q^h". Damit können wir die Lösung des Cauchyproblems approximieren durch eine geeignete Folge von Dirichlet-Problemen in Gebieten, auf denen die Eigenpaare des Laplace-Operators bekannt sind:

$$\lambda_{ijk}^h = \frac{\pi^2 h^{\frac{2}{\alpha}}}{4(c_1)^2}(i^2 + j^2 + k^2)$$

$$e_{ijk}^h(x) = (c_1)^{-\frac{3}{2}} \cdot h^{\frac{3}{2\alpha}} \cdot \sin\left(\frac{i\pi h^{\frac{1}{\alpha}}}{2c_1}\cdot(x_1 + c_1 h^{-\frac{1}{\alpha}})\right)\cdot \sin\left(\frac{j\pi h^{\frac{1}{\alpha}}}{2c_1}\cdot(x_2 + c_1 h^{-\frac{1}{\alpha}})\right)\cdot \sin\left(\frac{k\pi h^{\frac{1}{\alpha}}}{2c_1}\cdot(x_3 + c_1 h^{-\frac{1}{\alpha}})\right)$$

mit $x = (x_1,x_2,x_3)$. Ferner sei (ζ^h) eine Familie von Abschneidefunktionen $\zeta^h \in C_o^\infty(Q^h)$ der Form

(6) $$\zeta^h(x) : \begin{cases} = 1 & : x \in Q_{4\varepsilon}^h \\ 0 \le \zeta^h \le 1 & : x \in Q_{3\varepsilon}^h \setminus Q_{4\varepsilon}^h \\ = 0 & : x \in \mathbb{R}^3 \setminus Q_{3\varepsilon}^h \end{cases}$$

mit der Eigenschaft

(7) $|\zeta^h|_4 \le c$ für hinreichend kleine $h>0$.

Dabei verwenden wir die Bezeichnung

$$|u|_\ell = \max_{o \le i \le \ell} \ \sup_{x \in R^3} \ \sup_{t \in [0,a]} |u^{(i)}(t,x)|$$

für räumliche Ableitungen $u^{(i)}$ der Ordnung $0 \le i \le \ell$. Es sei **ferner**

$$(f,g) = \int_{R^3} f \cdot g \, dx, \quad (f,g)_h = (\zeta^h f, g).$$

Das Zeitintervall $[0,a]$ wird nun in n gleichlange Teilintervalle $[t_i^h, t_{i+1}^h]$ der Länge $h = \frac{a}{n}$ zerlegt. Sei (N^h) die Folge von Summationsgrenzen

$$N^h = \text{entier}\,(c_3\, h^{-\beta}),$$

mit beliebigem $c_3 > 0$ und

$$\beta > \max\{-2 + \frac{6}{\alpha}, \ 10 + \frac{4}{\alpha}\}\ .$$ [2]

Dann berechnet man eine Folge von Näherungen w_l^h für $w(t_l^h,\cdot)$ aus dem Fourier-Algorithmus

(8) $$w_o^h(x) = \zeta^h(x)\cdot w_o(x)\ ,$$

$$w_{l+1}^h(x) = \zeta^h(x) \cdot \sum_{i,j,k=1}^{N^h} \{ e^{-\lambda_{ijk}^h h} \cdot (w_l^h, e_{ijk}^h)_h + \frac{1}{\lambda_{ijk}^h}\cdot(1 - e^{-\lambda_{ijk}^h h})\cdot(\overset{*}{w}{}_l^h, e_{ijk}^h)_h \} \cdot e_{ijk}^h(x - h\overline{w}_l^h(x))$$

---

2) Die Bedingung an β läßt sich leicht zu

$$\beta > \max\{\frac{1}{2} + \frac{1}{\alpha}\ ;\ 2 + \frac{4}{\alpha}\ ;\ -2 + \frac{6}{\alpha}\}$$

abschwächen, wenn man die Dgl. in $(\overline{\overline{W}})$ durch

$$w_t + v\cdot\nabla w = \Delta w + \frac{1}{\varepsilon}\cdot\{v(t,x+\varepsilon w_\varepsilon(t,x)) - v(t,x)\}$$

ersetzt, wobei w_ε das geglättete Wirbelfeld w ist.

$(l = 0,\dots,n-1)$. Dabei haben wir die Bezeichnung

$$\bar{u} = \bar{K}u$$

für das aus dem Wirbelfeld u berechnete Geschwindigkeitsfeld $\bar{K}u$ eingeführt. Außerdem tritt der nichtlineare, h-abhängige Operator "*" auf:

$$\overset{*}{u}(x) = \frac{1}{\varepsilon}\left\{\bar{u}(x+\varepsilon u_h(x)) - \bar{u}(x)\right\}$$

(u_h geglättetes Feld u, Mittelungsradius h).

Eine grundlegende Bedeutung in den folgenden Beweisführungen hat das

LEMMA 2.1 Zu $\ell \in N_o$ gilt für den linearen Operator $\bar{K}$ die Abschätzung

$$|\bar{u}(t,\cdot)|_\ell = |(\bar{K}u)(t,\cdot)|_\ell \le c|\,u\,(t,\cdot)|_o.$$

Dabei ist die Konstante c durch ε und ℓ festgelegt.

Der Beweis folgt unmittelbar aus den Eigenschaften der Mittelungsoperation.

QED.

3. STABILITÄT

Der Algorithmus (8) lautet formal einfach

$$w_o^h = \zeta^h \cdot w_o$$
$$w_{\ell+1}^h = V^h\, w_\ell^h \qquad (\ell=o,\dots,n-1),$$

wenn man die Familie (V^h) von Verfahrensoperatoren

$$(V^h f)(x) = \zeta^h(x)\cdot \sum_{i,j,k=1}^{N^h} \{ e^{-\lambda_{ijk}^h \cdot h}\cdot(f,e_{ijk}^h)_h + \frac{1}{\lambda_{ijk}^h}\cdot(1 - e^{-\lambda_{ijk}^h h})\cdot(\overset{*}{f},e_{ijk}^h)_h \}\cdot e_{ijk}^h(x - h\bar{f}(x))$$

definiert. Der Algorithmus ist stabil gegen nicht zu große Störungen: mit der Bezeichnung

$$Z(t) = \{u\colon R^3 \to R^3 \;|u \in C^o\;,\; |u - w(t,\cdot)|_o \le c_4\}$$

von Mengen zulässiger Abweichungen ($c_4 > 0$ beliebig) gilt

LEMMA 3.1. Für hinreichend kleine h ($o < h \le h_1$) gilt die Abschätzung

$$|V^h u - V^h\, w(t,\cdot)|_o \le (1+c_5 h)\cdot|u - w(t,\cdot)|_o$$

mit einer von $t\in[o,a]$, $u\in Z(t)$, und h unabhängigen Konstanten c_5. In diesem Sinne ist der Algorithmus (8) stabil.

Den Beweis können wir nur andeuten. Man spaltet die Differenz $V^h u - V^h w(t,\cdot)$ auf:

$$(V^h u)(x) - [V^h w(t,\cdot)](x) = \zeta^h(x) \cdot \sum_{i=1}^{8} S_i(x),$$

mit den einzelnen abzuschätzenden Termen

$$S_1(x) = \sum_{i,j,k=1}^{\infty} e^{-\lambda_{ijk}^h h} \cdot (u - w(t,\cdot), e_{ijk}^h)_h \cdot e_{ijk}^h(x - h\bar{u}(x))$$

$S_2(x)$ = Reihenrest davon

$$S_3(x) = \sum_{i,j,k=1}^{\infty} \frac{1}{\lambda_{ijk}^h} \cdot (1 - e^{-\lambda_{ijk}^h h}) \cdot (\overset{*}{u} - \overset{*}{w}(t,\cdot), e_{ijk}^h)_h \cdot e_{ijk}^h(x - h\bar{u}(x))$$

$S_4(x)$ = Reihenrest davon

$$S_5(x) = \sum_{i,j,k=1}^{\infty} e^{-\lambda_{ijk}^h h} (w(t,\cdot), e_{ijk}^h)_h \{e_{ijk}^h(x - h\bar{u}(x)) - e_{ijk}^h(x - h\bar{w}(t,x))\}$$

$S_6(x)$ = Reihenrest davon

$$S_7(x) = \sum_{ijk=1}^{\infty} \frac{1}{\lambda_{ijk}^h} (1 - e^{-\lambda_{ijk}^h h}) (\overset{*}{w}(t,\cdot), e_{ijk}^h)_h \{e_{ijk}^h(x - h\bar{u}(x)) - e_{ijk}^h(x - h\bar{w}(t,x))\}$$

$S_8(x)$ = Reihenrest davon .

a) Das Feld

$$z^h(s,x) = \sum_{i,j,k=1}^{\infty} e^{-\lambda_{ijk}^h s} \cdot (u - w(t,\cdot), e_{ijk}^h)_h \cdot e_{ijk}^h(x)$$

ist die Lösung einer homogenen Wärmeleitungsaufgabe, für die das Minimum - Maximumprinzip [8,S.199] komponentenweise $|z^h(s,\cdot)|_o \le |u - w(t,\cdot)|_o$ liefert. Sofort ergibt sich $|S_1|_o \le |u - w(t,\cdot)|_o$.

Für den nichtlinearen Operator " $*$" kann man die Abschätzung

$$(9) \qquad |\overset{*}{u}|_\ell \le \psi(\varepsilon, \ell, |u|_\ell) \text{ für alle } u \in C^\ell(R^3)$$

finden. Damit ergibt ein Vergleich der Lösung

$$z^h(s,x) = \sum_{i,j,k=1}^{\infty} \int_0^s e^{-\lambda_{ijk}^h \tau} (\overset{*}{u} - \overset{*}{w}(t,\cdot), e_{ijk}^h)_h \, d\tau \cdot e_{ijk}^h(x)$$

einer inhomogenen parabolischen Anfangsrandwertaufgabe mit der Näherung $\tilde{z} \equiv 0$

$$|S_3|_o \le ch \, |u - w(t,\cdot)|_o$$

(mit der Consequence aus [8, S.191]).

b) Für die Reihenreste genügt es, eine Reihe der Form

$$\sum_{i,j=1}^{\infty} \sum_{k=N^h}^{\infty} e^{-\lambda_{ijk}^h h} \cdot |(u - w(t,\cdot), e_{ijk}^h)_h| \cdot |e_{ijk}^h|_o$$

abzuschätzen. Auf elementare Weise erhält man

$$|S_2|_o \le ch \cdot |u - w(t,\cdot)|_o .$$

Dabei wirkte sich der Faktor $e^{-\lambda_{ijk}^h h}$ günstig aus. Dagegen taucht bei der Abschätzung von S_4 die einschneidende Bedingung $\beta > 10 + \frac{4}{\alpha}$ auf (die allerdings praktisch bedeutungslos ist : s. Fußnote 2).

Zunächst formt man S_4 mit der Greenschen Formel um; man erhält so konvergenzerzeugende Faktoren $(\lambda^h_{ijk})^{-1}$.
Aus den Ungleichungen von Schwarz und Bessel sowie die Eigenschaften der Mittelungsoperation folgt nach elementarer Rechnung

$$|S_4|_o \leq ch\ |u - w(t,\cdot)|_o.$$

c) Die Summanden S_5 und S_7 werden zusammen untersucht. Das Feld

$$z^h(s,x) = \sum_{i,j,k=1}^{\infty} \{e^{-\lambda^h_{ijk}\cdot s}(w(t,\cdot),e^h_{ijk})_h + \int_o^s e^{-\lambda^h_{ijk}\cdot\tau}(\overset{*}{w}(t,\cdot),e^h_{ijk})_h d\tau\}\cdot e^h_{ijk}(x)$$

ist die Lösung der Wärmeleitungsaufgabe

$$\text{(1o)}\qquad \begin{aligned} z^h_s - \Delta z^h &= \zeta^h\cdot \overset{*}{w}(t,\cdot) \\ z^h &= o \qquad \text{auf } \partial Q^h \\ z^h &= \zeta^h\cdot w(t,\cdot) \quad \text{bei } s = o. \end{aligned}$$

zum Stabilitätsbeweis benötigt man eine h-unabhängige Schranke für $|\nabla z^h|$, die man wegen der Ecken des Grundgebietes nur im Inneren bekommen kann. Dem trägt die Einführung der Schnittfunktionen im Algorithmus Rechnung.

Das entscheidende Hilfsmittel für vorliegende Arbeit ist das folgende

LEMMA 3.2 *Für die Lösung der Aufgabe* (1o) *gilt*

$$\sup_{s\in[0,\tau]}\ \sup_{x\in \overline{Q^h_{2\varepsilon}}} |\nabla z^h(s,x)| \leq c_5 .$$

Dabei ist c_5 *durch* ε *und* $[o,\tau]$ *festgelegt.*

Der *Beweis* dieses Lemmas wird mit der Abschätzungsmethode von *Bernstein* (s.[4, S.414]) geführt. Man benötigt zunächst die Aussage

(A) Für $h > o$ ist das Feld ∇z^h stetig in $[o,\infty) \times Q^h$.
Insbesondere gilt
$$\nabla z^h = \nabla(\zeta^h\cdot w(t,\cdot)) \text{ bei } s = o.$$

Für deren Beweis liefert die Greensche Formel die konvergenzerzeugenden Faktoren $(\lambda^h_{ijk})^{-2}$.
Eine Anwendung der Schwarzschen Ungleichung (für Reihen) sowie der Besselschen Ungleichung zeigt die gleichmäßige Konvergenz der Reihen

$$\sum_{i,j,k=1}^{\infty} (w,e^h_{ijk})_h\ \nabla e^h_{ijk}(x) \text{ und } \sum_{i,j,k=1}^{\infty} (\overset{*}{w},e^h_{ijk})_h\ \nabla e^h_{ijk}(x)$$

im Gebiet Q^h; für die zweite Reihe wurde (9) herangezogen. Hieraus schließen wir, daß die Reihe $\sum_{i,j,k=1}^{\infty} (e^{-\lambda_{ijk}^h s}(w(t,\cdot), e_{ijk}^h)_h + \int_0^s e^{-\lambda_{ijk}^h \tau}(\dot{w}(t,\cdot), e_{ijk}^h)_h d\tau) \cdot \nabla e_{ijk}^h(x)$

gleichmäßig bzgl. $(s,x) \in [o,\tau] \times \overline{Q^h}$ konvergiert und identisch mit ∇z^h ist. Also ist ∇z^h stetig in $[o,\infty) \times \overline{Q^h}$, womit die Aussage (A) bewiesen ist.

Wir können nun die h-unabhängige Schranke für $|\nabla z^h|$ herleiten. Es sei (η^h) eine Familie von Schnittfunktionen $\eta^h \in C_o^\infty(Q^h)$ der Form $\eta^h = 1$ in $Q_{2\varepsilon}^h$, $\eta^h = o$ in $R^3 \setminus Q_\varepsilon^h$ (vgl. (6)), und der Eigenschaft (vgl. (7))

$$|\eta^h|_2 \leq c \text{ für hinreichend kleine } h.$$

Eine längere Rechnung zeigt, daß unabhängig von h zwei Zahlen $A,B > 0$ existieren, für die die Felder

$$r^h(s,x) = [\eta^h(x)]^2 \cdot [z_{x_k}^h(s,x)]^2 + A \cdot [z^h(s,x)]^2 - B \cdot s$$

(k=1,2,3) komponentenweise der Differential-Ungleichung

$$r_s^h \leq \Delta r^h \text{ in } Q^h$$

genügen. Aus dem Maximum-Prinzip [8, S.199] folgt dann (R_p^h bezeichne den parabolischen Rand von $[o,\tau] \times \overline{Q^h}$) :

$$\sup_{[o,\tau]\times\overline{Q^h}} r^h \leq \sup_{R_p^h} r^h \leq c\cdot(1+A)\cdot|\zeta^h w(t,\cdot)|_1^2 + B\tau \leq c$$

mit Hilfe von (7) und Aussage (A). Damit ist Lemma 3.2 bewiesen.

QED.

Man erkennt leicht, daß für hinreichend kleine h aus Lemma 3.2 die Abschätzung

$$|\zeta^h \cdot (S_5 + S_7)|_o \leq ch|u - w(t,\cdot)|_o$$

folgt.

d) Schließlich sind die Reihenreste S_6 und S_8 abzuschätzen. Das kann nach einer Anwendung des Mittelwertsatzes ebenso wie im Teil b) unseres Beweises geschehen. Man erhält so wegen $\beta > -2 + \frac{6}{\alpha}$ die Schranke

$$|S_6 + S_8|_o \leq ch|\, u - w(t,\cdot)|_o.$$

Zusammenfassung der Schranken aus den Teilen a) bis d) ergibt Lemma 3.1.

QED.

4. KONSISTENZ

Bei Vorliegen von Konsistenz ergibt das Stabilitätslemma 3.1 die

Konvergenz des Algorithmus. In der Tat gilt

LEMMA 4.1. *Für hinreichend kleine* h $(o < h \leq h_2)$ *gilt die Abschätzung*

$$|w(t^h_{\ell+1}, \cdot) - V^h w(t^h_\ell, \cdot)|_o \leq c_6\, h^2$$

gleichmäßig für alle $\ell = 0,\dots,n-1$. *Damit ist der Algorithmus* (8) *konsistent mit der Wirbeltransportaufgabe* $(\bar{W})$; *Konsistenzordnung* $\sigma = 1$.

Zum *Beweis*: Im ersten Schritt vergleicht man w an der Stelle (t^h_{l+1}, x) mit dem Feld w_1:

$$w_1\,(t,x) = \hat{w}_1(t, x - (t-t^h_1)\cdot\,\bar{w}\,(t^h_1, x)), \text{ mit}$$

$$\hat{w}_1(t,x_1) = \sum_{i,j,k=1}^{\infty} \{e^{-\lambda^h_{ijk}\cdot(t-t^h_1)}\cdot(w(t^h_1,\cdot),e^h_{ijk})_h + \int_{t^h_1}^{t} e^{-\lambda^h_{ijk}\cdot(\tau-t^h_1)}\cdot(\overset{*}{w}(\tau,\cdot),e^h_{ijk})_h\, d\tau\}\cdot e^h_{ijk}(x_1)$$

$\hat{w}_1$ ist in $[t^h_1, t^h_{l+1}] \times \overline{Q^h}$ Lösung einer parabolischen Anfangsrandwertaufgabe,

bzgl. der $\hat{w}$ in $[t^h_1, t^h_{l+1}]$ einen Defekt betragsmäßig kleiner als ch hat. (s.[2, S. 1o4]); Defektabschätzungen dieser Art wurden von Rautmann [5] bewiesen. Auf dem parabolischen Rand R^h_p gilt nach Definition von Q^h $|\hat{w} - \hat{w}_1| \leq ch^2$. Damit ergibt die (komponentenweise vorgenommene) Lipschitz-abschätzung [8,S. 196]

$$|(\hat{w} - \hat{w}_1)(t^h_{l+1}, x)| \leq ch^2 \text{ für alle } x \in \overline{Q^h}.$$

Eine leichte Rechnung ergibt so für hinreichend kleines $h>o$

$$|(w - w_1)(t^h_{l+1}, x)| \leq ch^2 \text{ für } x \in \overline{Q^h_{3\varepsilon}}.$$

Nach Definition der Schnittfunktion ζ^h folgt

$$|w(t^h_{l+1}, x) - \zeta^h(x)\cdot\, w_1(t^h_{l+1}, x)| \leq ch^2 \text{ für alle } x \in R^3.$$

Anschließend hat man den Fehler abzuschätzen, der durch die Ersetzung des Zeitintegrals in $\hat{w}_1$ durch den Term

$$(\lambda^h_{ijk})^{-1}\,(1 - e^{-\lambda^h_{ijk}h})(\overset{*}{w}(t^h_1,\cdot),\, e^h_{ijk})_h$$

entsteht. Eine erneute Anwendung der Differential-Ungleichungsmethoden aus [8, S. 196]zeigt, daß der Fehler von der Größenordnung ch^2 ist.

Schließlich ergibt eine Abschätzung des Reihenrestes wie in den Teilen b) und d) des Stabilitätsbeweises wegen $\beta > 2 + \frac{4}{\alpha}$ die Schranke

$$|w(t^h_{l+1}, \cdot) - V^h w(t^h_1, \cdot)|_o \leq c_6 h^2.$$

Damit ist Lemma 4.1 bewiesen. QED.

5. DER KONVERGENZSATZ

Aus Stabilität und Konsistenz folgt die Konvergenz des Algorithmus durch einen Standard-Induktionsschluß (z.B. [1, S.268 ff.]). Aus den Lemmata 3.1 und 4.1 folgt aus der Induktionsannahme

$$(11) \qquad |w(t_l^h,\cdot) - w_l^h|_o \le ch$$

für hinreichend kleine h die Aussage

$$\begin{aligned} &|w(t_{l+1}^h,\cdot) - w_{l+1}^h|_o \\ &\le |w(t_{l+1}^h,\cdot) - V^h w(t_l^h,\cdot)|_o + |V^h w(t_l^h,\cdot) - V^h w_l^h|_o \\ &\le c_6 h^2 + (1+c_5 h)|w(t_l^h,\cdot) - w_l^h|_o . \end{aligned}$$

Durch Rekursion folgert man die Gültigkeit von (11) für alle l=o,...,n, da (11) für l=o zutrifft. Auf diese Weise erhält man den

KONVERGENZSATZ. *Es sei* $w_o \in C_\alpha^7(R^3)$, *die Vorausstzungen des Algorithmus seien gegeben. Dann ist der Algorithmus für jedes* $\varepsilon > o$ *stabil und konvergent gegen die Lösung* w *der Wirbeltransportaufgabe* $(\bar{W})$. *Genauer: Der Algorithmus erzeugt eine Folge* (w_l^h) *von Gitterfunktionen, die mit* $h \to o$ *gegen* w *konvergiert: für hinreichend kleine* $h > o$ *gilt*

$$|w(t_l^h,\cdot) - w_l^h|_o \le ch$$

für alle $l = o,\ldots,n$.

Die Konvergenzgeschwindigkeit ist linear.

6. EIN TESTBEISPIEL

Dieser Algorithmus wurde getestet an Hand einer konstruierten Wirbeltransportaufgabe mit bekannter Lösung. Durch zweimalige Rotation des Vektorfeldes $u = (u^1,u^2,u^3)$,

$$u^k(t,x) = e^{-t-x^2},$$

erhält man ein räumlich und zeitlich exponentiell abklingendes Wirbelfeld w. w löst die Aufgabe (W), wenn man in der DGl. eine Inhomogenität zuläßt. Als Grundgebiet wurde der Würfel $[-2.5,+2.5]^3$ gewählt, aus der Fourier-Reihe die ersten 11^3 Summanden berücksichtigt ($N^h = 11$); der Operator $\bar{K}$ wurde angenähert durch eine Riemann-Summe, für die 9^3 innere Punkte des Würfels

ausgewertet wurden. Dabei wählten wir ε = o.1 (ebenso auch in der Differenzen approximation).
Berechnet wurden lo Zeitschnitte der Länge h = o.1. In den Tabellen vergleichen wir genähertes und exaktes Wirbelfeld nach 1,4,lo Zeitschritten in den Punkten $x = (x_1,o,o)$ mit

$$x_1 = k \cdot o.5 \text{ mit } k = o,\ldots\ldots,5.$$

Als Anhaltspunkt für die Genauigkeit geben wir den relativen Fehler (in %)an (soweit Lösung und Näherung betragsmäßig nicht kleiner als lo^{-3} sind).

t = o.1

x_1	Lösung	Näherung	Rel.Feh.[%]
o.0	3.619	3.642	o.6
	3:619	3.642	o.6
	3.619	3.642	o.6
o.5	2.819	2.794	o.9
	2.114	1.998	5.5
	2.114	2.150	1.7
1.0	1.331	1.322	o.7
	o.0	-o.059	*
	o.0	o.046	*
1.5	o.381	o.383	o.5
	-o.477	-o.484	1.5
	-o.477	-o.476	o.2
2.0	o.066	o.066	o.1
	-o.199	-o.191	4.0
	-o.199	-o.193	3.0
2.5	o.007	o.0	*
	-o.037	o.0	*
	-o.037	o.0	*

t = o.4

x_1	Lösung	Näherung	Rel.Feh.[%]
o.0	2.681	2.665	o.6
	2.681	2.665	o.6
	2.681	2.665	o.6
o.5	2.088	2.052	1.7
	1.566	1.455	7.1
	1.566	1.585	1.2
1.0	o.986	o.974	1.2
	o.0	-o.064	*
	o.0	o.044	*
1.5	o.283	o.280	1.1
	-o.353	-o.377	6.8
	-o.353	-o.347	1.7
2.0	o.049	o.049	o.1
	-o.147	-o.139	5.4
	-o.147	-o.139	5.4
2.5	o.005	o.0	*
	-o.027	o.0	*
	-o.027	o.0	*

t = 1.0

x_1	Lösung	Näherung	Rel.Feh.[%]
o.0	1.472	1.468	o.3
	1.472	1.468	o.3
	1.472	1.468	o.3
o.5	1.146	1.139	o.6
	o.860	o.827	3.8
	o.860	o.863	o.3
1.0	o.541	o.538	o.6
	o.0	-o.022	*
	o.0	o.014	*
1.5	o.155	o.153	1.7
	-o.194	-o.207	6.7
	-o.194	-o.194	o.1
2.0	o.027	o.025	4.0
	-o.081	-o.079	2.4
	-o.081	-o.076	4.9
2.5	o.003	o.0	*
	-o.015	o.0	*
	-o.015	o.0	*

L I T E R A T U R

[1] Ansorge,R.: Differenzenapproximationen partieller Anfangswertaufgaben. Stuttgart, Teubner 1978.

[2] Hebeker, F.-K.: Dissertation, Paderborn 198o.

[3] Hebeker, F.-K.: Ein Algorithmus für die Anfangswertaufgabe der Wirbeltransportgleichung. Erscheint in: Z. Angew.Math.Mech.

[4] Ladyzenskaja,O.A., Solonnikov,V.A., Ural'ceva,N.N.: Linear and quasilinear equations of parabolic type. AMS translations, Providence (R.I.) 1968.

[5] Rautmann,R.: Ein Näherungsverfahren für spezielle Anfangswertaufgaben mit Operatoren. Berlin usw., Springer Lecture Notes in Math. 267 (1972), 187 - 231.

[6] Rautmann,R.: Das Cauchy-Problem der Helmholtzschen Wirbelgleichung mit einer Differenzennäherung. In: Müller,U., u.a.(Hrsg.): Theoretical and experimental fluid mechanics. Berlin usw., Springer 1979, S.295-3o8.

[7] Serrin,J.: Mathematical principles of classical fluid mechanics. In: Handbuch der Physik, Bd. 8/1. Berlin usw., Springer 1959.

[8] Walter, W.: Differential and integral inequalities. Berlin usw., Springer 197o.

Anschrift des Verfassers

Dr. F.-K. Hebeker
Fachbereich Mathematik-Informatik
Universität-GH Paderborn
Warburger Straße 1oo
D-479o Paderborn

Identifizierungsprobleme bei Partiellen Differentialgleichungen

K.-H. Hoffmann

The process of continuous casting of steel is considered. As it is well known the process parameters such as heat conductivity and heat transfer coefficients play an important role for the resulting quality of steel. These functions are identified numerically from measurements of the temperature and the solidification front. The gradient method, studied by G. CHAVENT [5] in the identification field, is applied.

1. Problemstellung, das mathematische Modell und die Meßdaten

Bei der Stahlgewinnung wird seit einiger Zeit neben dem Blockgießverfahren die Stranggußmethode nach JUNGHANS verwandt. Diese hat gegenüber den herkömmlichen Methoden, Stahl zu gießen, einige Vorteile. So wird nicht nur die Produktionsrate gesteigert sondern durch die Wahl der Gießbedingungen und die Form der Kokille auch der Abkühlvorgang und damit das Gefüge des Stahls selbst in weit stärkerem Maße beeinflußt. Vor- und Nachteile beider Gießverfahren werden z. B. in der Arbeit von H. KLEIN [10] gegenübergestellt. Beim Stranggießen besteht unter anderem die Gefahr, daß der Strang beim Verlassen der Kokille, durch die hohe Belastung bedingt, ausbricht. Um das zu vermeiden, ist eine sehr genaue Kenntnis der Gießparameter nötig. Diese sollen aus Messungen, die man während des Gießvorgangs gewonnen hat, mit numerischen Methoden aus den Modellgleichungen berechnet werden.

Zur Herleitung der Modellgleichungen genügt es, aus Symmetriegründen nur den in Abbildung 1 ausgezeichneten Teil der Kokille zu betrachten.

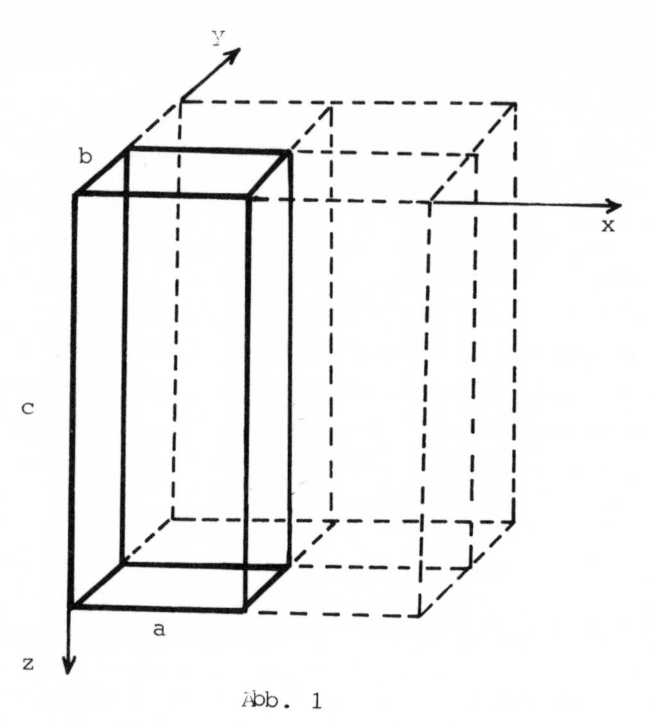

Abb. 1

Die Abmessungen der Kokille in Millimetern sind:

$$a = 90 \text{ [mm]}, \quad b = 35 \text{ [mm]},$$
$$c = 7500 \text{ [mm]}.$$

Die Geschwindigkeit v, mit der der Stahlstrang aus der Kokille herausgezogen wird, sei:

$$v = 0.16 \text{ [m/sec]}.$$

Wir nehmen an, daß aufgrund der durch v erzeugten Bewegung kein Wärmestrom in z-Richtung existiert. Die folgenden Daten beeinflussen in unserem Modell die Temperaturverteilung u in der

Schmelze und ihrem bereits erstarrten Teil, wobei die Indizes s bzw. l für feste bzw. flüssige Phase stehen:

$\rho_{s/l}$ [kg/m^3] spezifische Dichte,

$c_{s/l}$ [Ws/kg °C] spezifische Wärme,

$\lambda_{s/l}$ [W/m °C] Wärmeleitfähigkeit.

Die Temperaturverteilung u genügt dann in

$$(0,a)\times(0,b)\times(0,c)\times(0,T)\setminus S,$$

$$S := \{(x,y,z,t)\,|\,u(x,y,z,t) = \text{Schmelztemperatur}\},$$

der partiellen Differentialgleichung

$$(1.1)' \qquad \rho_{s/l}(u)\ c_{s/l}(u)\ \frac{\partial u}{\partial t} =$$

$$= \nabla(\lambda_{s/l}(u)\nabla u) - \rho_{s/l}(u)\ c_{s/l}(u)\ v\ \frac{\partial u}{\partial z}\ ,$$

wobei $\nabla f := (\frac{\partial f}{\partial x}\ ,\ \frac{\partial f}{\partial y})$ gesetzt wurde.

Es seien

$$u(x,y,0,t) = u_o = 1550\ [^oC]$$

die Eintrittstemperatur der Schmelze,

$$\alpha(x,y,z) = \alpha[W/m^2\ {}^oC]$$

der Wärmeübergangskoeffizient an den Kokillenwänden und

$$u(x,y,z,t) = u_w = 21\ [^oC]$$

die Umgebungstemperatur; das heißt die Temperatur der Kokillenwände.

Zur Differentialgleichung (1.1)' kommen dann die folgenden Randbedingungen an den festen Rändern:

(1.2)' $u(x,y,0,t) = u_o$ (obere vertikale Fläche = Gießspiegel),

(1.3)' $\lambda_s(u(0,y,z,t))u_x(0,y,z,t) = \alpha(u(0,y,z,t) - u_w)$

(Kokillenwand-Schmalseite),

(1.4)' $\lambda_s(u(x,0,z,t))u_y(x,0,z,t) = \alpha(u(x,0,z,t) - u_w)$

(Kokillenwand-Breitseite),

(1.5)' $-\lambda_{s/l}(u(a,x,y,t))u_x(a,y,z,t) = 0,$

(1.6)' $-\lambda_{s/l}(u(x,b,y,t))u_y(x,b,z,t) = 0$

(aus Symmetriegründen auf den inneren Flächen).

Auf der Verfestigungsgrenze S wollen wir nach F. K. GREISS, W. H. RAY [7] die Temperatur

(1.7)' $u(x,y,z,t) = u_S := (u_{sol} + u_{liq})/2 =$

$= (1495 + 1523)/2 \quad [^oC]$

fordern. Die Energiebedingung, die die Bewegung der Verfestigungsgrenze S beschreibt, soll für den Augenblick noch nicht spezifiziert werden. Es wird zunächst das Problem (1.1)'-(1.7)' dahingehend umgeschrieben, daß die Zeit mit der z-Achse identifiziert wird; das heißt, es wird eine "Schicht" Stahl auf ihrem Weg durch die Kokille beobachtet.

Dazu sei

$$U(x,y,t) := u(x,y,vt,t),$$

wobei also die Eintrittszeit der Schicht $t = 0$ und die Austrittszeit $t = T = c/v = 45$ [sec] ist. Die Funktion U erfüllt dann in

$$(0,a)\times(0,b)\times(0,T)\setminus\{(x,y,t)\,|\,U(x,y,t) = U_s\}$$

die Differentialgleichung

$$(1.1)\qquad \rho_{s/l}(U(x,y,t))c_{s/l}(U(x,y,t))\,\frac{\partial U}{\partial t}\,(x,y,t) = $$
$$= \nabla(\lambda_{s/l}(U(x,y,t))\nabla U(x,y,t)),$$

der Anfangsbedingung

$$(1.2)\qquad U(x,y,0) = u_o$$

und den Randbedingungen

$$(1.3)\qquad \lambda_s(U(0,y,t))U_x(0,y,t) = \alpha(U(0,y,t) - u_w),$$

$$(1.4)\qquad \lambda_s(U(x,0,t))U_y(x,0,t) = \alpha(U(x,0,t) - u_w),$$

$$(1.5)\qquad \lambda_{s/l}(U(a,y,t))U_x(a,y,t) = 0,$$

$$(1.6)\qquad \lambda_{s/l}(U(x,b,t))U_y(x,b,t) = 0.$$

Auf dem freien Rand S gilt die Temperaturbedingung

$$(1.7)\qquad u(x,y,t) = u_s$$

und die Energiebedingung

$$(1.8)\qquad -\langle\lambda_l(U_l(x,y,t))\nabla U_l(x,y,t),(N_x,N_y)\rangle +$$
$$+\langle\lambda_s(U_s(x,y,t))\nabla U_s(x,y,t),(N_x,N_y)\rangle =$$
$$= L\rho(u_s)\ \langle\vec{V},(N_x,N_y)\rangle\ ,$$

wobei L[Ws/kg] die latente Wärme, $\vec{V}$ die Ausbreitungsgeschwindigkeit des freien Randes S in t und $N = (N_x,N_y,N_t)$ die Normale an

S in Richtung der flüssigen Phase sind.

Es ist nicht das Ziel dieser Arbeit, numerische Verfahren zur Lösung der Aufgabe (1.1)-(1.8) zu diskutieren. Hierzu vergleiche men die Ausführungen und numerischen Rechnungen von M. BROKATE [4] und C. SAGUEZ [12]. Wir gehen vielmehr davon aus, daß wir den freien Rand S in technischen Experimenten lokalisiert und die Temperatur U an einigen Stellen gemessen haben. Wie das in der Praxis geschehen kann, wird von E. BACHNER, M. USSAR [1] und von J. P. BIRAT u. a. [2] beschrieben. Unser Interesse besteht darin, einmal aus diesen Meßdaten bei bekanntem λ den Wärmeübergangskoeffizienten α und umgekehrt bei bekanntem α die Kenngröße λ zu bestimmen. Aus Gründen des numerischen Aufwandes haben wir uns bei den Rechnungen auf den räumlichen eindimensionalen Fall beschränkt. Das entspricht dem Gießen von dünnen Platten. Um die nachfolgenden "Meßdaten" für unsere Testzwecke zu gewinnen, wurde das dem eindimensionalen Fall entsprechende Problem (1.1)-(1.8) numerisch gelöst. Zur Lösung solcher Aufgaben stehen effektive Algorithmen zur Verfügung, vergl. K.-H. HOFFMANN [9]. Da der Temperaturgradient in der flüssigen Phase klein ist, wurde bei den Rechnungen (vgl. Abbildung 3) nur das Einphasenproblem behandelt. Die benötigten Kenngrößen λ, ρ, c, α und L wurden der Literatur entnommen.

Bei der Formulierung der Identifizierungsaufgabe folgen wir den Bezeichnungen wie sie von G. CHAVENT [5] benutzt werden.

Es seien Messungen an den Stellen $x_j \in [0,a]$, $j=1,2,\ldots,k$, gewonnen worden, und wir betrachten sie als Mittelwerte der "wahren" Temperaturverteilung U um diese Meßstelle versehen mit Störungen:

$$z_j(t) := \int_0^a \kappa_j(x) U(x,t)\,dx + \text{Störungen}.$$

Hierbei ist κ_j eine Verteilungsfunktion mit Träger in einer geeigneten Umgebung von x_j. Die Zeiten, zu denen Messungen vorgenommen werden, beschreiben wir durch die charakteristischen Funktionen:

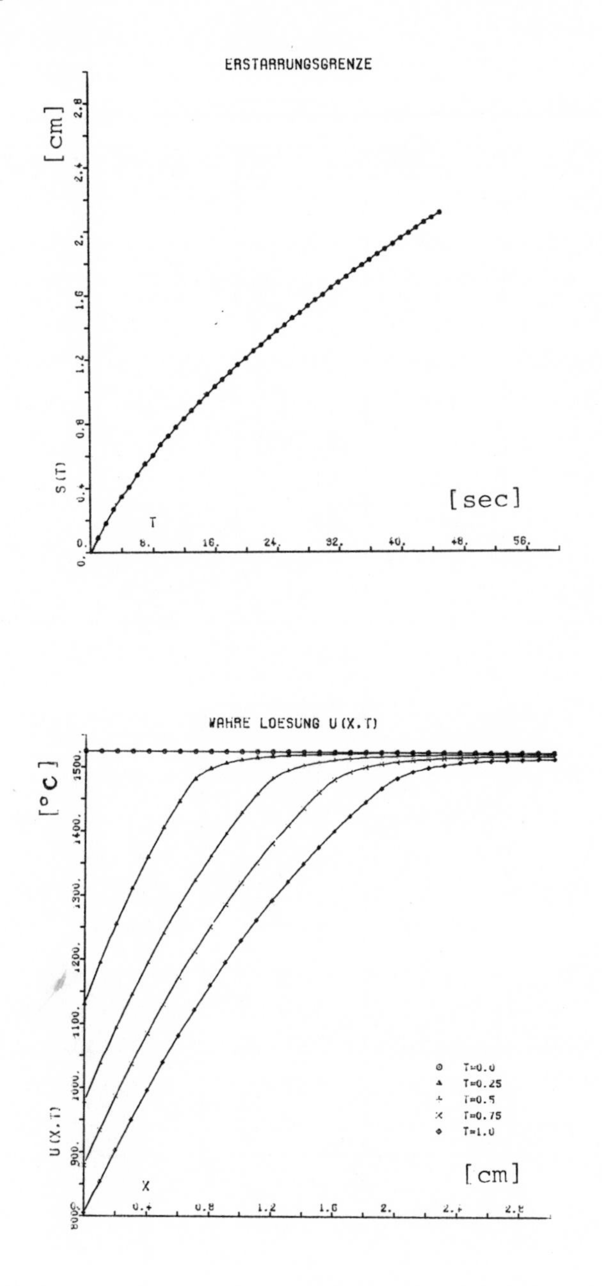
ERSTARRUNGSGRENZE
[cm]
S(T)
[sec]
T
WAHRE LOESUNG U(X,T)
[°C]
U(X,T)
T=0.0
T=0.25
T=0.5
T=0.75
T=1.0
[cm]
X

Abb. 2

Temperaturprofil U(x,t) mit freiem Rand S(t):

x[cm]	0.00000	0.30000	0.60000	0.90000	1.20000	1.50000	1.80000	2.10000	2.40000	
t[sec]										S(t) [cm]
0.0000	1525.0	1525.0	1525.0	1525.0	1525.0	1525.0	1525.0	1525.0	1525.0	0.00000
5.0000	1272.3	1462.7	1514.0	1521.6	1523.9	1524.6	1524.9	1525.0	1525.0	4.07612'-01
10.0000	1151.4	1328.6	1466.8	1510.6	1519.1	1522.2	1523.7	1524.4	1524.7	7.23280'-01
15.0000	1065.0	1240.0	1378.6	1482.9	1511.0	1518.4	1521.5	1523.1	1523.9	9.80799'-01
20.0000	999.3	1169.3	1307.9	1419.3	1494.5	1512.4	1518.4	1521.2	1522.6	1.20587'+00
25.0000	946.2	1111.9	1249.2	1362.5	1455.1	1502.2	1513.9	1518.6	1520.9	1.41414'+00
30.0000	902.2	1063.0	1199.2	1312.9	1407.4	1482.2	1507.3	1515.2	1518.7	1.60318'+00
35.0000	864.8	1020.8	1155.6	1269.6	1365.5	1445.1	1496.6	1510.6	1516.0	1.78453'+00
40.0000	832.8	983.3	1116.8	1230.6	1327.5	1409.9	1477.0	1504.1	1512.6	1.95573'+00
45.0000	805.0	950.1	1081.9	1195.5	1293.0	1376.1	1446.7	1494.1	1508.1	2.11349'+00

Abb. 3

$$\zeta_j(t) := \begin{cases} 1 & \text{falls an der Stelle } x_j \text{ zur Zeit} \\ & t \text{ gemessen wird,} \\ 0 & \text{sonst.} \end{cases}$$

Für die zu aktuellen Parametern λ,α gehörende Lösung $U_{\lambda,\alpha}$ von (1.1)-(1.7) hat man dann an den Stellen x_j gegenüber den Meßwerten z_j den Fehler:

$$e_j(t) := \zeta_j(t)(z_j(t) - \int_0^a \kappa_j(x)U_{\lambda,\alpha}(x,t)dx).$$

Eine optimale Bestimmung der "wahren" Parameter λ^*,α^* liefert die Lösung des Optimierungsproblems:

(1.9) Minimiere $J[\lambda,\alpha] := \sum_{j=1}^{k} \int_0^T e_j^2(t)dt$

unter den Nebenbedingungen

i) $U_{\lambda,\alpha}$ löst (1.1)-(1.7),

ii) $0 < \underline{\alpha} \leq \alpha \leq \overline{\alpha}$, $\lambda(\zeta) \geq \underline{\lambda} > 0$ für alle $\zeta \in \mathbb{R}$.

Hierbei sind $\underline{\alpha},\overline{\alpha}$ und $\underline{\lambda}$ feste geschätzte Konstanten.

Im folgenden Abschnitt wird das Gradientenverfahren zur numerischen Lösung des Optimierungsproblems (1.9) vorgestellt.

2. Numerische Lösung des Optimierungsproblems

Entsprechend der Aufgabenstellung wird zunächst λ als bekannt vorausgesetzt und der Gradient von J bezüglich des Randkoeffizienten α bestimmt. Generell setzen wir dazu jetzt immer voraus, daß $z_j \in L^2(0,T)$ gilt. Auf weitere Voraussetzungen an die Daten, um theoretische Sätze zu beweisen, gehen wir nicht weiter ein (vgl. G. GHAVENT [5], J. L. LIONS [11], A. FRIEDMAN [6]). In dem Modell zu unserem praktischen Beispiel sind diese Voraussetzungen

i. a. erfüllt.

Differenzierbarkeit von J nach α:

Das Funktional J ist auf der Menge der zulässigen Randkoeffizienten differenzierbar, und für die Ableitung J'_α gilt:

$$(2.1) \qquad J'_\alpha(\delta\alpha) = \int_0^T (\delta\alpha)(U_\alpha(0,t) - u_W)\, P(0,t)\,dt.$$

Hierbei ist P Lösung der adjungierten Differentialgleichung.

$$(2.2) \qquad -\frac{\partial}{\partial t}(\rho(U_\alpha(x,t))c(U_\alpha(x,t))P(x,t)) - \frac{\partial}{\partial x}(\lambda(U_\alpha(x,t))\frac{\partial}{\partial x}P(x,t)) = 2\sum_{j=1}^{k} \kappa_j(x)e_j(t) \quad , \quad (x,t) \in (o,a) \times (o,T) ,$$

zu den Randbedingungen

$$(2.3) \qquad \lambda(U_\alpha(o,t))P_x(o,t) = \alpha(U_\alpha(o,t)-u_W) \quad , \quad t \in [o,T) ,$$

$$(2.4) \qquad \lambda(U_\alpha(a,t))P_x(a,t) = 0 \quad , \quad t \in [0,T) ,$$

und der Anfangsbedingung

$$(2.5) \qquad P(x,T) = 0 \quad , \quad x \in [o,a] .$$

Die Identifizierung des Parameters α durch Berechnung des Gradienten(2.1) mit Hilfe der adjungierten Gleichungen (2.2)-(2.5) ist eine bei Randkontrollproblemen häufig benutzte Methode (vgl. M. HILPERT, P. KNABNER [8]). Numerische Schwierigkeiten treten bei der hier behandelten Problematik durch die nichtglatten Funktionen, ρ, c, λ auf.

Differenzierbarkeit von J nach λ :

Das Funktional J ist auf der Menge der zulässigen Parameter λ differenzierbar, und für die Ableitung J'_λ gilt:

$$(2.6) \qquad J'_{\lambda}(\delta\lambda) = \int_0^a \int_0^T (\delta\lambda)(U_{\lambda}(x,t))\frac{\partial}{\partial x}U_{\lambda}(x,t)\frac{\partial}{\partial x} P(x,t)dt\, dx .$$

Hierbei ist P Lösung der adjungierten Differentialgleichung

$$(2.7) \qquad -\frac{\partial}{\partial t}(\rho(U_{\lambda}(x,t))c(U_{\lambda}(x,t))P(x,t))-\frac{\partial}{\partial x}(\lambda(U_{\lambda}(x,t))\frac{\partial}{\partial x} P(x,t)) =$$

$$= 2 \sum_{j=1}^{k} \kappa_j(x)e_j(t) \qquad , \qquad (x,t)\in(o,a)\times(o,T) \quad ,$$

mit den zu (2.3) - (2.5) analogen Rand- und Anfangsbedingungen (der Index α ist durch λ zu ersetzen).

Die Schwierigkeiten bei der numerischen Auswertung der Formeln liegt in der Berechnung des Gradienten durch (2.1).

Für eine leicht veränderte Problemstellung wurden die Differenzierbarkeitsformeln (2.1)-(2.7) von G. CHAVENT [5] hergeleitet.

3. Die numerische Durchführung

Zur numerischen Lösung der Identifizierungsprobleme müssen die Gradienten (2.6) bzw. (2.7) für die aktuellen Werte von α bzw. λ in jedem Schritt ausgewertet werden. Dazu sind für festes aktuelles α bzw. λ die Systemgleichungen und die Adjungierten (2.2) bzw. (2.7) mit den zugehörigen Randbedingungen zu lösen. Die adjungierten Gleichungen sind linear. Sowohl für die Systemgleichungen wie auch die adjungierten wird eine Diskretisierungsformel der Konsistenzordnung 2 in den Diskretisierungsparameter Δx und Δt gewählt. Die Unbekannte V_j^n möge (mit geeigneter Interpretation) sowohl für das Temperaturprofil zur Zeit $n\,\Delta t$ und an der Stelle x_j wie auch für den entsprechenden Wert der Adjungierten stehen. $\tilde{V}$ sei als Näherungswert für V auf den (n+1)-ten Zeitschicht aufgefaßt. Mit δ werde der zentrale Differenzenoperator bezeichnet, und f sei die rechte Seite (Inhomogenität) der Differentialgleichung.

Prädiktorformel:

$$(3.1)\qquad \frac{1}{12}\,\frac{\tilde{V}_{j+1}-V_{j+1}^{n}}{\Delta t}+\frac{5}{6}\,\frac{V_j-V_j^n}{\Delta t}+\frac{1}{12}\,\frac{\tilde{V}_{j-1}V_{j-1}^{n}}{\Delta t}=$$

$$=\frac{\delta[\lambda(V^n)\,\delta(\frac{1}{2}(\tilde{V}+V^n))]_j}{(\Delta x)^2}+f_j^{\,n+\frac{1}{2}}$$

Korrektorformel:

$$(3.2)\qquad \frac{1}{12}\,\frac{V_{j+1}^{n+1}-V_{j+1}^{n}}{\Delta t}+\frac{5}{6}\,\frac{V_j^{n+1}-V_j^n}{\Delta t}+\frac{1}{12}\,\frac{V_{j-1}^{n+1}-V_{j-1}^{n}}{\Delta t}=$$

$$=\frac{\delta[\lambda(\frac{\tilde{V}+V^n}{2})\;(\frac{V^{n+1}+V^n}{2})]_j}{(\Delta x)^2}+f_j^{\,n+\frac{1}{2}}\quad .$$

Die Dämpfungsfaktoren bei der Durchführung des Gradientenverfahrens werden mit einer apriori-Strategie gemäß E. BLUM, W.OETTLI [3] und geeigneter Skalierung berechnet. Wenn es nötig wird, unter Nebenbedingungen zu rechnen, so projezieren wir die jeweils berechneten Gradienten auf die Einschränkungsmenge.

(3.3) Identifizierung des Randkoeffizienten α :

Es wurden verteilte Messungen an acht Stellen x_j angenommen, wobei allerdings in t-Richtung die Meßwerte auf einem sehr viel feinerem Raster als in Abb. 3 gezeigt vorliegen sollten. Einmal wurde der Koeffizient α als konstant angesetzt und einmal als zeitabhängig. Die nachfolgenden Zahlen zeigen die Resultate der numerischen Rechnung.

Startwert: $\alpha^{(o)}$ = 1.00000'-04
Wahrer Wert: $\alpha^{(w)}$ = 1.70000'-04

Nach jeweils drei Iterationen war für den Fall, daß α^{w} als Konstante identifiziert werden sollte, das Ergebnis der Rechnung

α^{id} = 1.23727'-04

und für den Fall, daß α^{id} als Funktion der Zeit angesehen wurde, siehe Abb. 4 .

Koeffizient $\alpha(t)$
(Fehler)

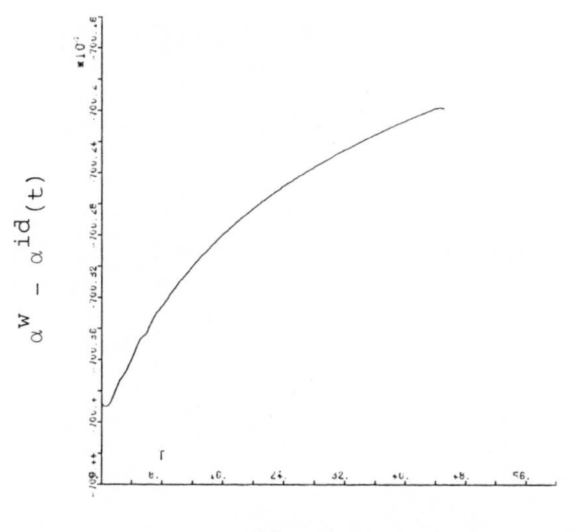

Abb. 4

Die Resultate sind nicht sonderlich gut, obwohl die mit diesen Werten berechneten Temperaturprofile und Erstarrungsfronten relativ gut die wahren Verhältnisse wiedergaben.

(3.4) <u>Identifizierung von λ :</u>

Große numerische Schwierigkeiten bereitet die ökonomische Auswertung der Gradientenformel (2.6). Wir folgen einem Vorschlag von G. CHAVENT [5].

Es sei $U_{min} \le U(x,t) \le U_{max}$ für $(x,t) \in (o,a) \times (O,T)$ und $N_U - 1$ die Anzahl der "inneren" U-Punkte aus dem Intervall $[U_{min}, U_{max}]$, an denen $\lambda(U)$ in den Systemgleichungen berechnet wird.

Setze: $U_o := U_{min}$, $U_{N_U} := U_{max}$, $\Delta U_\ell := U_{\ell+1} - U_\ell$.

Dann folgt: $U_\ell = U_o + \ell \, \Delta U_\ell$ für $\ell = 0,1,\dots,N_U-1$.

$\lambda(U)$ wird durch stückweise lineare Interpolation approximiert:

$$(3.5)\quad \begin{cases} \lambda(U) := \sum_{\ell=o}^{N_U-1} \psi_\ell(U)\varphi_\ell(U), \\ \psi_\ell(U) := \lambda_\ell + \frac{1}{\Delta U_\ell}(U-U_\ell)(\lambda_{\ell+1}-\lambda_\ell), \quad \lambda_\ell := \lambda(U_\ell) \ , \\ \varphi_\ell(U) := \begin{cases} 1 & \text{für } U \in [U_\ell, U_{\ell+1}) \ , \\ 0 & \text{sonst} \ . \end{cases} \end{cases}$$

Zur Bestimmung der Variation $\delta\lambda$ muß nun die 1. Variation $\delta\psi_\ell$ gebildet werden:

$$(3.6)\qquad \delta\psi_\ell(U) = \delta\lambda_\ell\left(1-\frac{U-U_\ell}{\Delta U_\ell}\right) + \delta\lambda_{\ell+1}\left(\frac{U-U_\ell}{\Delta U_\ell}\right) \ .$$

Mit der Abkürzung

$$\Phi(x,t) := \left(\frac{\partial U}{\partial x}\frac{\partial P}{\partial x}\right)(x,t)$$

folgt mit Hilfe von (3.5) und (3.6):

$$J'_\lambda(\delta\lambda) = \sum_{n=1}^{N_t}\sum_{j=1}^{N_x}\int_{t_{n-1}}^{t_n}\int_{x_{j-1}}^{x_j}(\delta\lambda)(U(x,t))\Phi(x,t)\,dx\,dt =$$

$$= \sum_{n=1}^{N_t}\sum_{j=1}^{N_x}\int_{t_{n-1}}^{t_n}\int_{x_{j-1}}^{x_j}\Phi(x,t)\sum_{\ell=o}^{N_u}\delta\lambda_\ell\{(1-\frac{U-U_\ell}{\Delta U_\ell})\varphi_\ell(U) +$$

$$+ (\frac{U-U_{\ell-1}}{\Delta U_{\ell-1}})\varphi_{\ell-1}(U)\}dx\,dt + R_\lambda =$$

$$= \sum_{\ell=o}^{N_U}\delta\lambda_\ell(\sum_{n=1}^{N_t}\sum_{j=1}^{N_x}\int_{t_{n-1}}^{t_n}\int_{x_{j-1}}^{x_j}\Phi(x,t)\{\varphi_\ell(U)(1-\frac{U-U_\ell}{\Delta U_\ell}) +$$

$$+ \varphi_{\ell-1} (U) \left(\frac{U-U_{\ell-1}}{U_{\ell-1}}\right) \} \, dx \, dt) +$$

$$+ R_\lambda \; .$$

Der Interpolationsrest R_λ wird vernachlässigt und zur Auswertung der Integrale (mit der Rechteckkugel) die Funktion U zwischen den Gitterpunkten stückweise linear interpoliert (vgl. Abb.5).

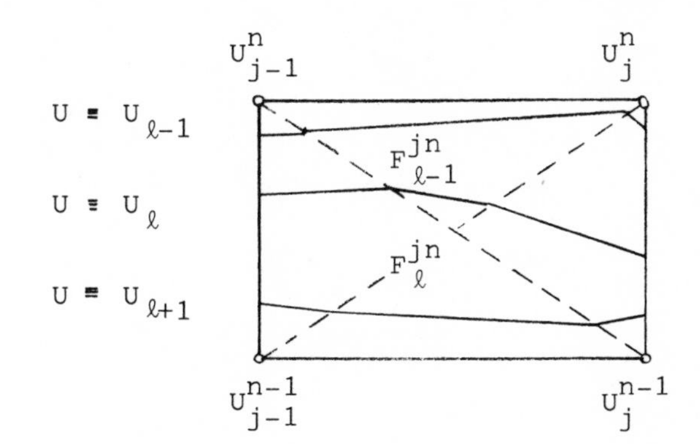

Abb. 5

Die nachfolgenden Bilder veranschaulichen das Ergebnis der numerischen Rechnung. Es wurde mit den gleichen Meßwerten gearbeitet wie bei der Identifizierung des Randkoeffizienten. Aus Rechenzeitgründen wurde nur eine Iteration durchgeführt.

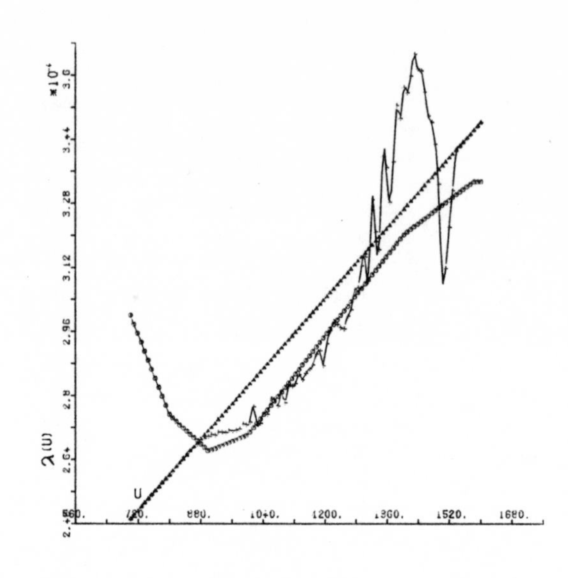
KOEFFIZIENT λ(U)
o WAHRER KOEFFIZIENT
▲ STARTKOEFFIZIENT
+ IDENTIFIZIERTER KOEFFIZIENT

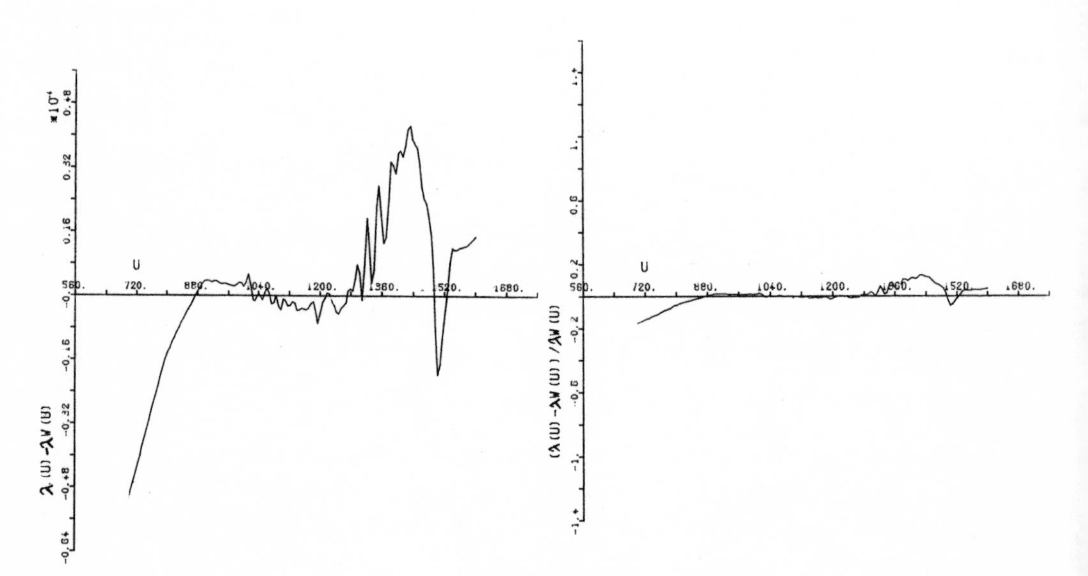
KOEFFIZIENT λ(U). FEHLER
KOEFFIZIENT λ(U). REL. FEHLER

Abb. 6

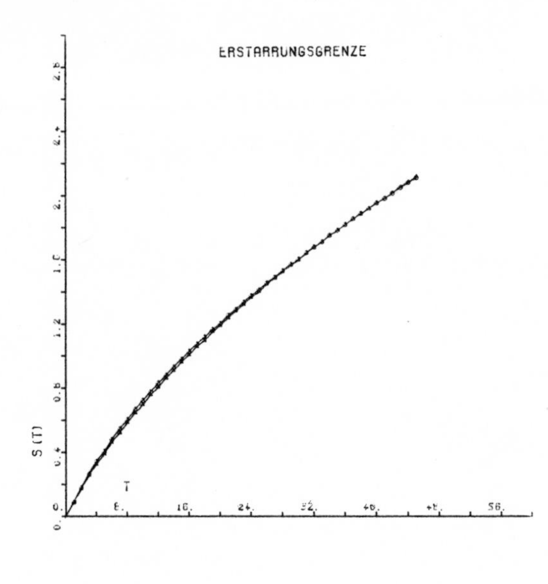
ERSTARRUNGSGRENZE
S(T)
T
WAHRER VERLAUF
IDENTIFIZIERTER VERLAUF

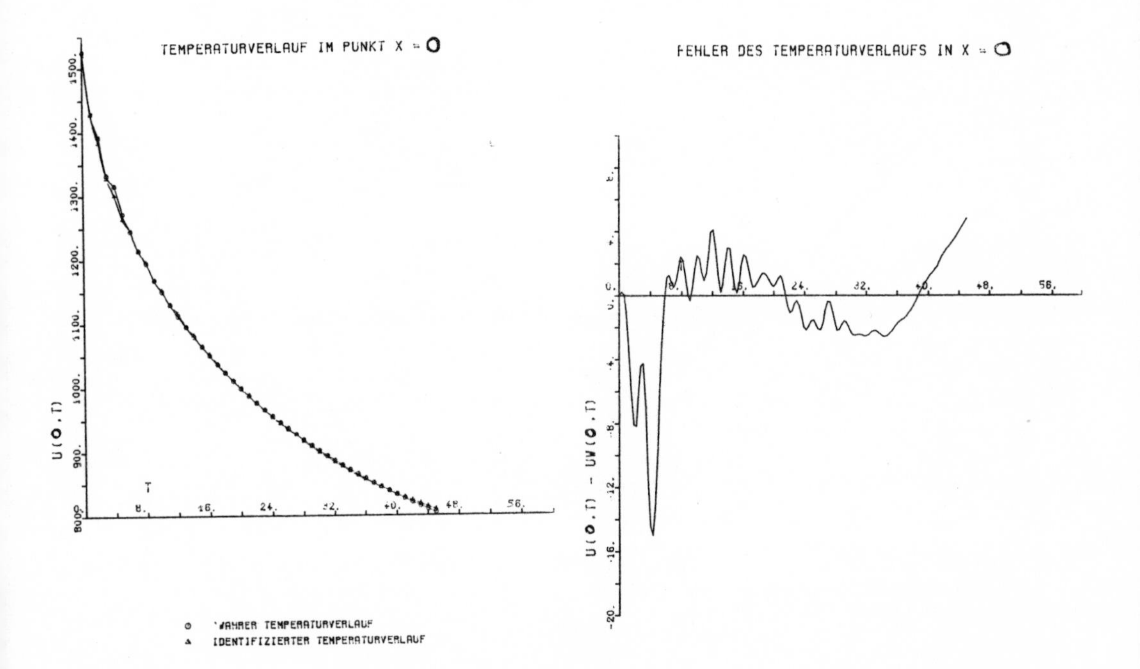
TEMPERATURVERLAUF IM PUNKT X = O
U(O.T)
T
WAHRER TEMPERATURVERLAUF
IDENTIFIZIERTER TEMPERATURVERLAUF
FEHLER DES TEMPERATURVERLAUFS IN X = O
U(O.T) - UW(O.T)

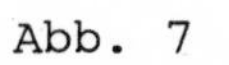
Abb. 7

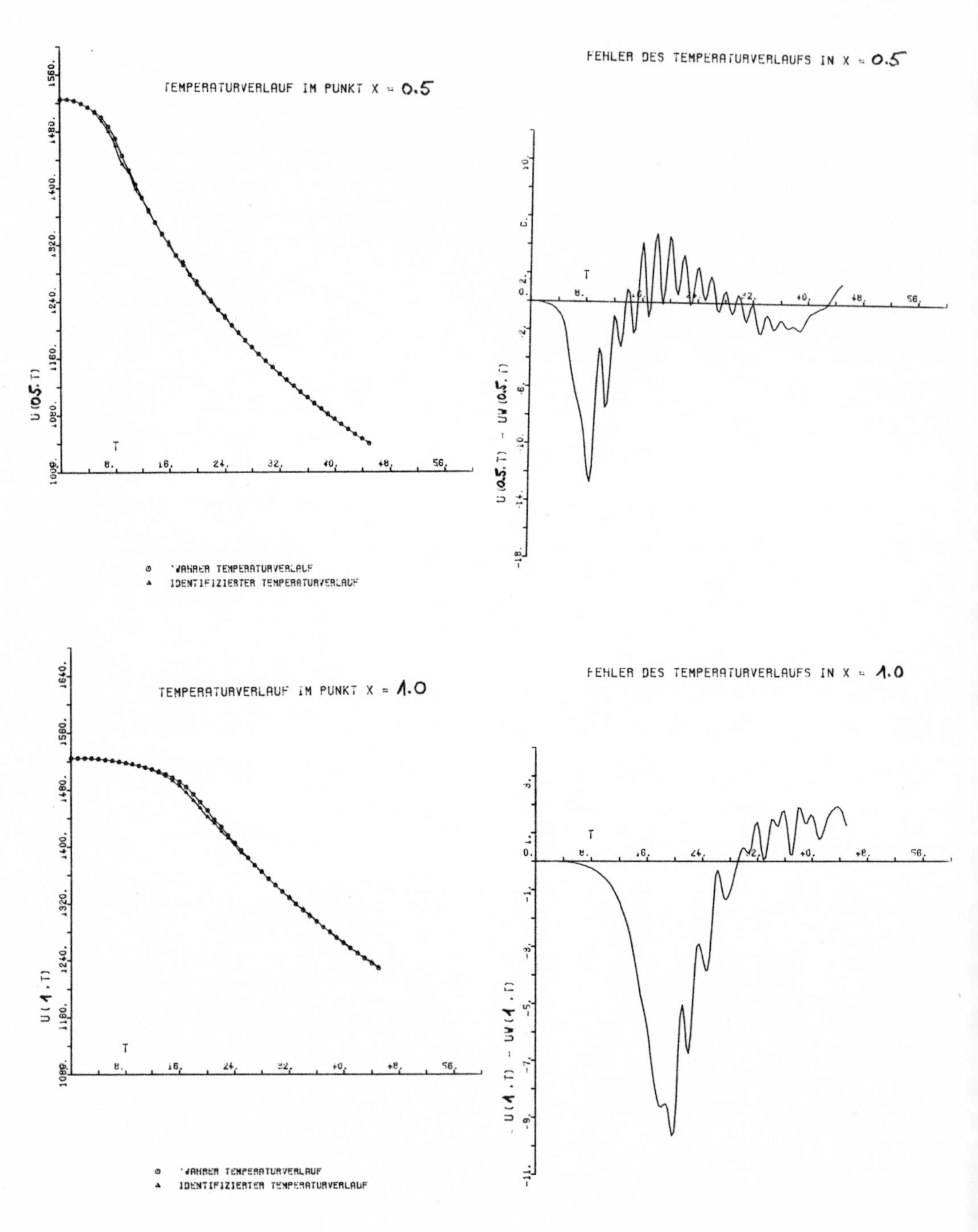
TEMPERATURVERLAUF IM PUNKT X = 0.5
U (0.5 . T)
T
WAHRER TEMPERATURVERLAUF
IDENTIFIZIERTER TEMPERATURVERLAUF
FEHLER DES TEMPERATURVERLAUFS IN X = 0.5
U (0.5 . T) - UW (0.5 . T)
TEMPERATURVERLAUF IM PUNKT X = 1.0
U (1 . T)
WAHRER TEMPERATURVERLAUF
IDENTIFIZIERTER TEMPERATURVERLAUF
FEHLER DES TEMPERATURVERLAUFS IN X = 1.0
U (1 . T) - UW (1 . T)

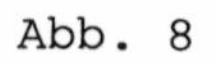
Abb. 8

4. Literatur:

[1] BACHNER,E., M. USSAR: Erstarrungsverhalten und Temperaturfeld in einer Stranggußkokille beim Gießen von Brammen, Stahl u. Eisen 96, Nr. 5 (1976), 185-190 .

[2] BIRAT, JP., J. FOUSSAL, u.a. : The influence of convective heat transfer on solidification in the mold during continuous casting of steel, IRSID/Maizieres 1980, discussion paper .

[3] BLUM, E., W. OETTLI : Mathematische Optimierung, Grundlagen und Verfahren, Springer-Verlag Berlin Heidelberg New York 1975 .

[4] BROKATE, M.: Berechnung des freien Randes beim Stranggießen in zwei Raumdimensionen, Erscheint im ISNM 1981, Birkhäuser-Verlag Basel.

[5] CHAVENT, G.: Identification of functional parameters in partial differential equations, Colloques IRIA, Rocquencourt 1973 .

[6] FRIEDMAN, A.: Partial differential equations of parabolic type, Prentice-Hall, Inc., Englewood Cliffs, N.J. 1964 .

[7] GREISS, F.K., W.H. RAY : The application of distributed parameter state estimation theory to a metallurgical casting operation, Lect. Notes Comp. Inf. Sc. 2, 1977

[8] HILPERT, M., P. KNABNER : Comparison of several methods for parabolic control problems, Preprint FU-Berlin, No. 111/1980 .

[9] HOFFMANN, K.-H. (ed.): Freie Randwertprobleme II (Numerische Tests), Preprint FU-Berlin, No. 28/1977 .

[10] KLEIN, H.: Die physikalischen und mathematischen Grundlagen zur Berechnung der Abkühlung des Stranges beim Strangguß von Metallen mit Hilfe von Differenzengleichungen, Gießerei 1953, Heft 10, 441-454 .

[11] LIONS, J.l.: Optimal control of systems governed by partial differenial equations, Springer-Verlag Berlin Heidelberg New York 1971 .

[12] SAGUEZ, CH. : Vortrag Oberwolfach 1980, erscheint in ISNM 1981, Birkhäuser-Verlag- Basel .

K.-H. Hoffmann
Institut für Mathematik III
Freie Universität Berlin
Arnimallee 2-6
D- 1000 Berlin 33

ZUR NUMERISCHEN UMKEHRUNG DER LAPLACESCHEN TRANSFORMATION

Piero de Mottoni

Error bounds are obtained for the inversion of the Laplace transform, by appropriately restricting the space of sought solutions. This is carried out both in the case of continuous and discrete data.

1. Einleitung

Zur Berechnung der Lösungen linearer partieller Differentialgleichungen stellt die Laplacesce Transformation ein wohlbekanntes Hilfsmittel dar. Das bei seiner Anwendung benötigte Umkehrungsverfahren führt zu einer Art Instabilität, deren Beseitigung wir in den folgenden Seiten besprechen wollen. Da es sich um die Stabilisierungsaufage eines nichtkorrektgestellten Problems handelt, sei zunächst eine allgemeine Aufstellung solcher Aufgabe gegeben.

Es seien X, Y Banachräume, und A ein linearer stetiger Operator, $A: X \to Y$. Für $\varepsilon > 0$, bezeichne man durch $M(\varepsilon)$ die Größe

$$M(\varepsilon) = \sup\{ \|u\|_X, \ u \in X; \ \|Au\|_Y \leq \varepsilon\},$$

also den Radius des Urbilds $A^{-1}(B_\varepsilon^Y) \subset X$, wobei B_ε^Y die Y-Kugel mit Radius ε bezeichnet.

Man beachte, da für $\varepsilon \to 0$ die Größe $M(\varepsilon)$ nicht gegen Null zu streben braucht, was der Instabilität der Umkehrungsauf gabe entspricht (z.B., ist das der Fall, wenn A, obwohl eineindeutig, keinen abgeschlossenen Wertebereich R(A) besitzt, also der Umkehroperator A^{-1} unstetig ist).

Die Grundidee zur Beseitigung solcher Instabilität besteht darin, die Menge der möglichen Lösungen einzuschränken. Dazu stellen wir folgendes Problem auf:

Aufgabe 1.1. *Man finde einen abgeschlossenen Operator* B, $B: D(B) \subset X \to Z$ *(wobei Z ein B-Raum ist), derart, daß die Größe*

$$M(\varepsilon,E) =. \sup\{\|u\|_X;\quad u \in X,\ \|Bu\|_Z \leq E,\ \|Au\|_X \leq \varepsilon\}\ ,$$

die Eigenschaft

$$\lim_{\varepsilon \to 0} M(\varepsilon,E) = 0 \quad \text{für jedes } E > 0$$

besitzt.

Bemerkung 1.2. Daß Einschränkungen der Art $\|Bu\|_Z \leq E$ zu einer Lösung unserer Aufgabe führen können zeigt (im Falle eines eineindeutigen Operators A) folgender (wohlbekannter [2]) Satz: "Sei, unter den obigen Voraussetzungen, K ein kompakter Teilraum von X. Dann ist $(A|_K)^{-1}$ stetig".

Bemerkung 1.3. Die obige Formulierung ermöglicht, Fehlerabschätzungen für approximative Lösungen der Gleichung $Au = f$, $f \in R(A)$ zu gewinnen. Erfüllen nämlich $u_1, u_2 \in X$ die Schranken $\|Au_1 - f\|_Y \leq \varepsilon$, $\|Au_2 - f\|_Y \leq \varepsilon$, $\|Bu_1\|_Z \leq E$, $\|Bu_2\|_Z \leq E$, so gilt $\|u_1 - u_2\|_X \leq M(2\varepsilon, 2E)$. Dies ist besonders befriedigend, wenn sich die Größe $M(\varepsilon,E)$ berechnen (oder abschätzen) läßt.

Diese Methode, die Stabilität wiederherzustellen, wurde anhand verschiedener nichtkorrektgestellter Aufgaben, u.a. von C. Pucci [4], K. Miller [2], G. Talenti [6] erläutert. In den folgenden, von gemeinsamen Besprechungen mit G. Talenti beeinflußten Abschnitten, wird sie auf die Umkehrung der Laplaceschen Transformation angewendet werden.

2. Die Laplacesche Transformation: Bezeichnungen und Aufgabestellung

Für $u \in L^1(\mathbb{R}^+) \cap L^2(\mathbb{R}^+)$ (u reel), bezeichne man durch f die zugeordnete (reelle) Laplace-transformierte Funktion

$$f(t) =. L\{u\}(t) = \int_0^\infty \exp(-tx)u(x)dx, \quad t \in \mathbb{R}^+ .$$

Weiterhin, sei $||.||$ die gewöhnliche $L^2(\mathbb{R}^+)$-Norm:

$$||u||^2 = \int_0^\infty u^2(x)\ dx.$$

Unsere Aufgabe lautet:

Aufgabe 2.1. Man finde einen linearen, abgeschlossenen Operator $B: D(B) \subset L^2(\mathbb{R}^+) \to L^2(\mathbb{R}^+)$ und eine positive Funktion M, $M: \mathbb{R}^+ \times \mathbb{R}^+ \to \mathbb{R}^+$ derart, daß, aus

$$||L\{u\}|| \leq \varepsilon \ , \qquad ||Bu|| \leq E$$

die Abschätzung

$$||u|| \leq M(\varepsilon,E)$$

folgt, wobei

$$\lim_{\varepsilon \to 0} M(\varepsilon,E) = 0, \text{ für jedes } E > 0$$

gilt.

In der Praxis, besonders bei numerischen Anwendungen, ist $f =. L\{u\}$ nicht auf der ganzen reellen Achse, sondern nur auf einer endlichen Punktmenge bekannt. Für den Fall äquidistanter Stutzstellen läßt sich folgende Aufgabe formulieren:

Aufgabe 2.2. Man finde einen abgeschlossenen Operator $\tilde{B}$, $\tilde{B}: D(\tilde{B}) \subset L^2(\mathbb{R}^+) \to L^2(\mathbb{R}^+)$ und eine positive Funktion $\tilde{M}$: $\tilde{M}: \mathbb{R}^+ \times \mathbb{R}^+ \times \mathbb{N} \to \mathbb{R}^+$ derart, daß aus

$$\sum_{j=1}^{N} |L\{u\}(j)|^2 \leq \varepsilon^2, \qquad ||\tilde{B}u|| \leq E \quad .$$

die Abschätzung

$$||u|| \leq \tilde{M}(\varepsilon,E,N)$$

folgt, wobei

$$\lim_{\substack{\varepsilon\to 0\\ N\to\infty}} M(\varepsilon,E,N) = 0$$

gilt.

In den folgenden Abschnitten werden wir zunächst die "kontinuirliche Aufgabe" 2.1 berücksichtigen, dann werden zwei Methoden für die Behandlung der "diskreten Aufgabe" 2.2 dargestellt werden. Für eine ausführliche Darlegung der numerischen Aspekten bei der Umkehrung der Laplaceschen Transformation, sei auf das Buch von Bellman, Kalaba u. Lockett [1] verwiesen; weiteres findet man bei Schönberg [5] und Nashed u. Wahba [3].

3. Die kontinuirliche Aufgabe 2.1.

Ein wesentliches Hilfsmittel liefert die Mellinsche Transformation dar. Der Vollständigkeit halber wollen wir kurz auf die grundlegende Definitionen und Eigenschaften hinweisen.

i) Für $u \in L^1(\mathbb{R}^+)$, sei

$$ME\{u\}(s) = \int_0^\infty u(x)x^{s-1}dx, \quad \mathrm{Re}\, s > 0 \tag{3.1}$$

ii) Es sei f die Laplace-transformierte Funktion von u: $L\{u\} = f$. Dann gilt

$$ME\{u\}(\tfrac{1}{2}-it) = (\Gamma(\tfrac{1}{2}+it))^{-1}\, ME\{f\}(\tfrac{1}{2}+it). \tag{3.2}$$

iii) Für u reel, $u \in L^1(\mathbb{R}^+) \cap L^2(\mathbb{R}^+)$ gilt folgende (Plancherelsche) Identität:

$$\int_0^\infty u^2(x)\,dx = (2\pi)^{-1}\int_{-\infty}^{+\infty} |ME\{u\}(\tfrac{1}{2}+it)|^2\,dt. \tag{3.3}$$

iv) Es sei B der Differentialoperator $D_1(B) = \{\, w \in L^1(\mathbb{R}^+) \cap AC(\mathbb{R}^+),\ x.(dw(x)/dx) \in L^1(\mathbb{R}^+)\,\}$, $Bw(x) = x(dw(x)/dx)$

$$Bw(x) = x\,\frac{dw(x)}{dx}; \tag{3.4}$$

dann gilt, für jedes $w \in D_1(B)$:

$$ME\{Bw\}(s) = -s\, ME\{w\}(s). \tag{3.5}$$

Unser Hauptergebnis läßt sich folgendermaßen formulieren:

Satz 3.1. Die Aufgabe 2.1 hat eine Lösung, und zwar ist B durch (3.4) erklärt, und $M^2(\varepsilon, E) = E^2\phi^{-1}(\varepsilon^2/E^2)$ wobei ϕ^{-1} die Umkehrfunktion von

$$\phi(\xi) = \frac{\pi\xi}{\operatorname{Cof}(\pi\sqrt{1/\xi - 1/4})} \tag{3.6}$$

ist.

Beweis: Zunächst sei bemerkt, daß die Funktion ϕ folgende Eigenschaften besitzt:

i) $\phi(\xi), \phi(\xi)/\xi$ sind (echt) zunehmende Funktionen von $\xi \in \mathbb{R}^+$;

ii) $\lim_{\xi\to 0} \phi(\xi) = 0$;

iii) $\phi(\xi)$ ist konvex.

Unter Verwendung der Formeln (3.2)-(3.5), ist es leicht einzusehen, daß

$$\frac{\|u\|^2}{\|Bu\|^2} = \frac{\int_{-\infty}^{+\infty} p(t)\,|\tfrac{1}{2} + it|^{-2}\,dt}{\int_{-\infty}^{+\infty} p(t)\,dt}, \tag{3.7}$$

wobei

$$p(t) = |\tfrac{1}{2} - it|^2\,|\Gamma(\tfrac{1}{2}+it)|^{-2}\,|ME\{f\}(\tfrac{1}{2}+it)|^2 . \tag{3.8}$$

Wegen der Konvexheit von ϕ gilt, unter Benutzung der Jenseschen Ungleichung:

$$\phi\left(\frac{\|u\|^2}{\|Bu\|^2}\right) \le \frac{\int_{-\infty}^{+\infty} \phi(|\tfrac{1}{2} + it|^{-2})\,p(t)\,dt}{\int_{-\infty}^{+\infty} p(t)\,dt} . \tag{3.9}$$

Da $|\Gamma(\tfrac{1}{2}+it)|^2 = \pi/\operatorname{Cof}(\pi t)$, gilt

$$\phi(|\tfrac{1}{2} + it|^{-2})\,|\tfrac{1}{2} - it|^2\,|\Gamma(\tfrac{1}{2} + it)|^{-2} = 1,$$

somit lautet der Zähler in (3.7)

$$\int_{-\infty}^{+\infty} \phi(|\tfrac{1}{2} + it|^{-2})\,p(t)\,dt = \int_{-\infty}^{+\infty} |ME\{f\}(\tfrac{1}{2} + it)|^2\,dt .$$

Wegen (3.9), folgt daß

$$\phi\left(\frac{\|u\|^2}{\|Bu\|^2}\right) \le \frac{\|f\|^2}{\|Bu\|^2} .$$

Da $\phi(\xi)/\xi$ zunehmend ist, und $\|f\|^2 \le \varepsilon^2$, $\|Bu\|^2 \le E^2$, ergibt sich

$$\phi(\|u\|^2/E^2) \le \varepsilon^2/E^2 .$$

Aufgrund der Eigenschaften von ϕ, ist die Umkehrfunktion ϕ^{-1} auf $\mathbb{R}^+$ erklärt, und genügt $\lim_{s\to 0} \phi^{-1}(s) = 0$; damit ist

$$\|u\|^2 \le E^2\, \phi^{-1}(\varepsilon^2/E^2),$$

und die Behauptung des Satzes ist bewiesen.

4. Die diskrete Aufgabe 2.2: erste Methode

Diese Methode besteht darin, eine Abschätzung für $\|L\{u\}\|$ herzustellen: dann kann man die im Abschnitt 3 erhaltenen Ergebnisse anwenden. Man beweist nämlich:

Hilfssatz 4.1. *Es gibt einen Operator* $\hat{B}$: $D(\hat{B}) \subset L^2(\mathbb{R}^+) \cap L^2(\mathbb{R}^+)$ *und eine Funktion* $\hat{M}$: $\mathbb{R}^+ \times \mathbb{R}^+ \times \mathbb{N} \to \mathbb{R}^+$ *derart, daß aus*

$$\sum_{j=1}^{N} |L\{u\}(j)|^2 \le \varepsilon^2, \qquad \|\hat{B}u\| \le E$$

die Abschätzung

$$\|L\{u\}\|^2 \le \hat{M}(\varepsilon,E,N)$$

folgt, wobei

$$\lim_{\varepsilon\to 0,\, N\to\infty} \hat{M}(\varepsilon,E,N) = 0$$

gilt. Im besonderen, kann man

$$(\hat{B}u)(x) = xu(x) + (x)^{-\frac{1}{2}}u(x), \tag{4.1}$$

und

$$\hat{M}^2(\varepsilon,E,N) = 4\varepsilon^2 + \frac{17}{4N}E^2 \tag{4.2}$$

setzen.

Damit ist Aufgabe 2.2 auf Aufgabe 2.1 zurückgeführt, und es gilt:

Satz 4.2. Die Aufgabe 2.2 hat eine Lösung, und zwar $\tilde{B} = B + \hat{B}$, $\tilde{M}(\varepsilon,E,N)^2 = E^2\ \phi^{-1}(\ \hat{M}^2(\varepsilon,E,N)/E^2)$, wobei B, $\hat{B}$, ϕ, $\hat{M}$ durch (3.4), bzw. (4.1), (3.6), (4.2) erklärt sind.

Der Beweis des Hilfssatzes 4.1 beruht auf folgenden Abschätzungen:

$$\|f\|^2_{L^2(0,N)} \leq 2\ \{2 \sum_{j=1}^{N} |L\{u\}(j)|^2 + \|f'\|^2_{L^1(0,N)}\} \qquad (4.3)$$

$$\|f'\|^2_{L^1(0,N)} \leq \frac{2}{N}\ \|\hat{B}_1 u\|^2 \qquad (4.4)$$

$$\|f\|^2_{L^2(N,\infty)} \leq \frac{1}{4N}\ \|\hat{B}_2 u\|^2\ , \qquad (4.5)$$

wobei $(\hat{B}_1 u)(x) = xu(x)$, $(\hat{B}_2 u)(x) = x^{-\frac{1}{2}}u(x)$.

Für die Herleitung der Abschätzungen (4.3)-(4.5) sei auf Anhang A, B, C verwiesen.

5. Die diskrete Aufgabe 2.2: zweite Methode

Gemäß Bellmann-Kalaba-Lockett [1] und Schönberg [5] (siehe auch Nashed-Wahba [3]) werden wir unsere Aufgabe als ein Momentenproblem auffassen. Dafür werden wir zunächst in einem geeigne tem (vom obigen verschiedenem) L^2-Raum die Stabilisierungsaufgabe lösen. Die enstspreschende Ergebnisse werden wir schließlich, um eine Lösung der Aufgabe 2.2 zu gewinnen, in den urspringlichen Raum übertragen.

Man führe folgende Bezeichnung ein:

$$L\{u\}(j) = f(j)\ \ (j = 1,\ 2,\ ..\ N);\quad t = e^{-x};\quad g(t) = u(x).$$

Dann läßt sich $f(j)$ als Moment der Funktion g ausdrücken:

$$f(j) = \int_0^1 g(t)\ t^{j-1}\ dt \qquad (j = 1,\ 2,\ ...\ N). \qquad (5.1)$$

Man bezeichne Skalarprodukt und Norm in $L^2(0,1;dt)$ durch $(.,.)_o$, bzw. $\|\ .\ \|_o$ ($(g,h)_o = \int_0^1 g(t)\ h(t)\ dt$; $\|g\|_o^2 = (g,g)_o$). Man bemerke, daß mit solcher Norm $L^2(0,1;dt)$ dem Raum

$L^2(0,\infty;\ e^{-x}dx)$ (Norm $|v|_o^2 = \int_0^\infty e^{-x}\ v^2(x)\ dx$) isometrisch und isomoprh ist.

Der nächste Satz betrifft die Stabilisierungsaufgabe im Hilfsraum $L^2(0,1;dt)$:

Satz 5.1. Sei $Q:\ D(Q) \subset L^2(0,1;dt) \to L^2(0,1;dt)$ durch

$$(Qg)(t) = \sqrt{t(1-t)}\ g'(t) \tag{5.2}$$

erklärt. Dann gibt es eine Funktion $M_o:\ \mathbb{R}^{+2} \times \mathbb{N} \to \mathbb{R}^+$ derart, daß aus

$$\sum_{j=1}^{N} f(j)^2 \leq \varepsilon^2, \qquad \|Qg\|_o \leq E \tag{5.3}$$

die Abschätzung

$$\|g\|_o \leq M_o(\varepsilon,\ E,\ N) \tag{5.4}$$

folgt, wobei

$$\lim_{\substack{\varepsilon\to 0\\ N\to\infty}} M_o(\varepsilon,E,N) = 0 \tag{5.4'}$$

gilt.

Beweis: Man führt die 'verschobenen' Legendreschen Polynomen

$$L_j(t) = P_j(2t - 1)$$

ein, wobei P_j die klassischen Legendreschen Polynomen bezeichnen. Die L_j bilden in $L^2(0,1;dt)$ ein Orthogonalsystem:

$$(L_j,\ L_k)_o = K_j\delta_{jk},\ \text{wobei}\quad K_j = (2j + 1)^{-1}.$$

Weiterhin sind die L_j Eigenfunktionen des Differentialoperators $A = t(1 - t)(d^2/dt^2) + (1 - 2t)\ (d/dt)$, nämlich

$$-AL_j = j(j + 1)L_j.$$

Man sieht leicht ein, daß $A = Q^{\dagger}Q$, wobei $Q = \sqrt{t(1-t)}\ \frac{d}{dt}$. Für jedes $g \in L^2(0,1;dt)$ gilt die Reihenentwicklung

$$g = \sum_{j=1}^{\infty} c_jL_j;\qquad c_j = K_j^{-1}(g,L_j)_o \tag{5.5}$$

Bezeichnet man $\sum_{j=1}^{N} c_j L_j$ durch g_N, so erfüllt der Restterm $g - g_N$ die Schranke

$$\|g - g_N\|_o^2 = \sum_{N+1}^{\infty} K_j c_j^2 \leq \{N(N+1)\}^{-1} \sum_{N+1}^{\infty} K_j c_j^2 j(j+1).$$

Wegen

$$\sum_{j=1}^{\infty} K_j c_j^2 j(j+1) = \|Qg\|_o^2 ,$$

gilt für $\|g\|_o$ die Abschätzung

$$\|g\|_o \leq \|g_N\|_o + \frac{1}{N(N+1)} \|Qg\|_o . \tag{5.6}$$

Um den Beweis zu Ende zu führen, müssen wir $\|g_N\|_o$ durch $\sum f(j)^2$ abschätzen. Dies ergibt sich unter Verwendung der Murphy -Dirichletschen Formel [5] :

$$L_j = \sum_{j=0}^{N} S_{ij} t^j , \tag{5.7}$$

wobei

$$S_{ij} = (-1)^{i+j} \binom{i+j}{i} \binom{i}{j} . \tag{5.8}$$

Wegen (5.3), (5.5), folgt

$$c_j = K_j^{-1} \sum_{h=0}^{N} S_{jh} f(h+1). \tag{5.9}$$

Man bemerke nun, daß die Norm der Murphy-Dirichletschen Matrix S (5.6) eine "stark" zunehmende Funktion von N ist (der Spektralradius von S ist $(2N)!/(N!)^2 \simeq 2^{2N}\sqrt{4\pi \log N}$). Deshalb kann man aus (5.7) nicht schließen daß

$$\sum_{j=1}^{N} f(j)^2 \leq \varepsilon^2$$

die Abschätzung

$$\|g_N\|_o \leq M_1(\varepsilon,E) \quad \text{mit} \quad \lim_{\substack{\varepsilon\to 0\\ N\to\infty}} M_1(\varepsilon,E) = 0$$

zufolge hat. Um die "Stabilität" wiederherzustellen, verwende man nochmals die Einschränkung $\|Qg\|_o \leq E$. Wir zeigen nämlich

<u>Hilfssatz 5.2. Es gibt eine Funktion</u> $\tilde{M}_1 : \mathbb{R}^{+2} \times \mathbb{N} \to \mathbb{R}^+$ <u>derart, daß aus</u>

$$\sum_{j=1}^{N} f(j)^2 \leq \varepsilon^2, \qquad \|Qg\|_o \leq E \tag{5.3}$$

<u>die Abschätzung</u>

$$\|g_N\|_o \leq \tilde{M}_1(\varepsilon,E,N) \tag{5.10}$$

<u>folgt, wobei</u>

$$\lim_{\substack{\varepsilon\to 0\\ N\to\infty}} \tilde{M}_1(\varepsilon,E,N) = 0, \text{ für jedes } E > 0,$$

<u>ist</u>.

<u>Beweis:</u> Wir schätzen zunächst die Größe $z(i) =: \sum_{j=0}^{i} (S_{ij})^2$ ab.

Unter Verwendung der Stirlingschen Formel, ist es leicht einzusehen, daß

$$z(i) = O(i \exp\{(\ln 4 + \tfrac{3}{e}) i\})$$

gilt. Man führt die Funktion

$$r(t) = t^{(5+\gamma)/2} \exp(-(\ln 4 + \tfrac{3}{e}) t^{-\frac{1}{2}}), \quad \gamma > 1 \tag{5.11}$$

ein, und überzeugt sich leicht daß r die folgenden Eigenschaften besitzt:

(i) $t \to r(t)$, $r(t)/t$ sind (echt) zunehmende Funktionen;

(ii) $r(t)$ ist konvex;

(iii) Es gibt eine positive Konstante C derart, daß:

$$\sum_{i=0}^{N} r\left(\frac{1}{i(i+1)}\right) i(i+1)(2i+1) \sum_{j=0}^{i} (S_{ij})^2 \leq C.$$

Wendet man das im Beweis des Hilfssatzes 3.1 benutzte Verfahren, so kann man leicht folgende Abschätzung herleiten

$$\|g_N\|_o^2 \leq r^{-1}(C^2/E^2)E^2, \tag{5.12}$$

womit ist die Behauptung des Hilfssatzes bewiesen.

Damit ist aber auch Satz 5.1 bewiesen, da aus (5.6), (5.12)

$$\|g\|_o \leq \left(\sqrt{r^{-1}(\varepsilon^2/E^2)} + 1/\{N(N+1)\}\right)E$$

folgt, was der Aussage (5.4), (5.5) entspricht.

Zuletzt müssen wir die Aussage des Satzes 5.1, die in der $\|\cdot\|_o$-Norm ausgedrückt wurde, in den ursprünglichen Raum $L^2(0,\infty;\, dx)$ übertragen.

Man berechnet zunächst $\|Qg\|_o$: aus $u(x) = g(e^{-x})$ folgt

$$\|Qg\|_o = \|\hat{B}_1 u\| \tag{5.13}$$

wobei

$$(\hat{B}_1 u)(x) = (1 - e^{-x}) \frac{d}{dx} u(x). \tag{5.14}$$

Die Forderung $\|Qg\|_o \leq E$ entspricht deshalb einer Abschätzung für die mit der Funktion $(1 - e^{-x})$ gewichtete Ableitung von u. Was aber $\|g\|_o$ betrifft, hat man

$$\|g\|_o^2 = \int_0^\infty e^{-x} u^2(x)\, dx,$$

was keine befriedigende Norm in L^2 darstellt, da das Verhalten von u für große x vernachlässigt wird. Um diesen Nachteil auszugleichen, führen wir einen weiteren Hilfsoperator $\hat{B}_2$ ein:

$$(\hat{B}_2 u)(x) = \sqrt{x}\, u(x). \tag{5.15}$$

Damit gilt folgender

<u>Hilfssatz 5.3.</u> <u>Aus</u>

$$\|g\|_o^2 = \int_0^\infty e^{-x} u^2(x)\, dx \leq \varepsilon \quad \underline{\text{und}} \quad \|\hat{B}_2 u\| \leq E \tag{5.16}$$

<u>folgt</u>

$$\|u\|^2 \leq q^{-1}(\varepsilon^2/E^2)E^2 \tag{5.17}$$

<u>wobei</u>

$$q(t) = t \exp(-\frac{1}{t}) .$$

Auf den Beweis dieses Hilfssatzes, der auf den im Satz 3.1 angewandten Ideen beruht, wird hier verzichtet.

Aus Satz 5.1 und Hilfssatz 5.3 folgert man schließlich:

Satz 5.4. Es gibt eine Lösung zur Aufgabe 2.2, und zwar

$$\hat{B} = \hat{B}_1 + \hat{B}_2,$$

$$\hat{M}^2(\varepsilon,E,N) = q^{-1}\left[\left\{\sqrt{r^{-1}\left(\frac{\varepsilon^2}{E^2}\right)} + \frac{1}{N(N+1)}\right\}^2\right]E^2,$$

wobei $\hat{B}_1$, $\hat{B}_2$, q, r durch (5.14), bzw. (5.15), (5.18), (5.11) erklärt sind.

∿∿∿ ∿∿∿

Anhang A: Abschätzung von $\|f\|^2_{L^2(0,T)}$ durch $\sum_{j=1}^{N} |f(s_j)|^2$ und $\|f'\|^2_{L^1(0,T)}$.

Man definiere $\hat{s}_j = (s_j + s_{j+1})/2$: es gelten dann die Formeln

$$f(s) = f(s_j) + \int_{s_j}^{s} f'(t)\,dt, \quad s_j \leq s \leq \hat{s}_j \quad ;$$

$$f(s) = f(s_{j+1}) + \int_{s_{j+1}}^{s} f'(t)\,dt, \quad \hat{s}_j \leq s \leq s_{j+1} .$$

Mit

$$\ell_j^- =. \int_{s_j}^{\hat{s}_j} |f'(t)|\,dt, \quad \ell_j^+ =. \int_{\hat{s}_j}^{s_{j+1}} |f'(t)|\,dt, \quad \ell_j =. \ell_j^- + \ell_j^+$$

($j = 1, 2, \ldots N-1$) erhält man

$$|f(s)| \leq |f(s_j)| + \ell_j^-, \quad s_j \leq s \leq \hat{s}_j,$$

$$|f(s)| \leq |f(s_{j+1})| + \ell_j^+, \quad \hat{s}_j \leq s \leq s_{j+1},$$

sodaß

$$\int_{s_j}^{s_{j+1}} |f(s)|^2\,ds \leq (s_{j+1} - s_j)\{|f(s_j)|^2 + |f(s_{j+1})|^2 + \ell_j^2\}.$$

Ist nun $s_j = jh$, $Nh = T$, so gilt

$$\int_{h}^{T-h} |f(s)|^2\,ds \leq h\{\sum_{j=1}^{N-1} \{|f(s_j)|^2 + |f(s_{j+1})|^2 + \ell_j^2\}\}. \qquad \text{(A.1)}$$

Andererseits

$|f(s)| \leq f(h) + \ell_o \qquad 0 \leq s \leq h,$ und

$|f(s)| \leq f(T-h) + \ell_N ,$

wobei $\ell_o =. \int_0^h |f'(t)|dt, \qquad \ell_N =. \int_{T-h}^T |f'(t)| dt,$

sodaß

$$\int_0^h |f(t)|^2 \, dt \leq 2h\{|f(s_1)|^2 + \ell_o^2\}, \tag{A.2}$$

$$\int_{T-h}^T |f(t)|^2 \, dt \leq 2h\{ f(s_N)^2 + \ell_N^2\}. \tag{A.3}$$

Wegen $\|f'\|_{L^1(0,T)} = \sum_{j=0}^N \ell_j ,$

folgert man schließlich, aus (A.1), (A.2), (A.3)

$$\|f\|^2_{L^2(0,T)} \leq 2h\{ 2 \sum_{j=1}^N f(s_j)^2 + \|f'\|^2_{L^1(0,T)} \},$$

was die gewünschte Abschätzung darstellt.

Anhang B: Abschätzung von $\|f'\|_{L^1(0,T)}$ durch $\|\hat{B}_1 u\|$.

Unter den Voraussetzungen

$u, xu(x) \in L^1(\mathbb{R}^+)$, $x^{3/2}u \in L^2(\mathbb{R})$ hat man für die Ableitung f' von $f = L\{u\}$ folgenden Ausdruck

$$f'(s) = -\int_0^\infty x\, e^{-sx}\, u(x)\, dx.$$

Mit $\alpha > 0$, ist

$$|f'(s)| \leq \left(\int_0^\infty x^{\alpha-1}\, e^{-2sx}\right)^{\frac{1}{2}} \|x^{(3-\alpha)/2}\, u\|_{L^2(0,\infty)} =$$

$$= \{\Gamma(\alpha)(2s)^{-\alpha}\}^{\frac{1}{2}} \|\hat{B}_{1,\alpha} u\| ,$$

wobei $(\hat{B}_{1,\alpha} u)(x) = x^{(3-\alpha)/2} u(x)$, und $\|\cdot\| = \|\cdot\|_{L^2(0,\infty)}$.

Fordert man nun $0 < \alpha < 2$, so ist in der obigen Ungleichung die rechte Seite auf $[0,T]$ integrierbar, und zwar

$$\|f'\|_{L^1(0,T)} \leq \frac{\Gamma(\alpha)^{\frac{1}{2}}}{2^{\alpha/2}} \frac{1}{1-\frac{\alpha}{2}} \frac{1}{T^{(1-\alpha/2)}} \|\hat{B}_{1,\alpha}u\| \quad .$$

Im besonderen gilt für $\alpha = 1$, mit $(\hat{B}_1 u)(x) =. (\hat{B}_{1,1}u)(x) = x\,u(x)$ auch

$$\|f'\|^2_{L^1(0,T)} \leq \frac{2}{T}\|\hat{B}_1 u\|^2 = \frac{2}{Nh}\|\hat{B}_1 u\|^2 \quad .$$

Anhang C: Abschätzung von $\|f\|_{L^2(T,\infty)}$ durch $\|\hat{B}_2 u\|$.

Aus $f(s) = \int_0^\infty e^{-sx}\, u(x)\, dx$ folgert man, mit $\alpha > 0$, $p > 1$:

$$|f(s)| \leq \int_0^\infty e^{-sx}\, x^{(\alpha-1)/p}\, x^{(1-\alpha)/p}\, |u(x)|\,dx$$

$$\leq \left(\int_0^\infty e^{-spx}\, x^{\alpha-1}\, dx\right)^{\frac{1}{p}} \left(\int_0^\infty x^{(1-\alpha)p'/p}\, |u(x)|^{p'}\right)^{\frac{1}{p'}}$$

$$\leq \{\Gamma(\alpha)\,(sp)^{-\alpha}\}^{1/p}\, \|x^{(1-\alpha)/p}\, u\|_{L^{p'}(0,\infty)} \quad ,$$

wobei $\frac{1}{p} + \frac{1}{p'} = 1$.

Nun ist der Term $(sp)^{-2\alpha/p}$ auf $[T,\infty)$ integrierbar falls $\alpha > \frac{p}{2}$ und damit

$$\|f\|^2_{L^2(T,\infty)} \leq \Gamma(\alpha)^{2/p}\, p^{-2\alpha/p}\, \frac{p}{2\alpha - p}\, T^{1-2\alpha/p}\, \|x^{(1-\alpha)/p}u\|^2_{L^{p'}(0,\infty)} \quad .$$

Sonderfälle:

1) $\alpha = 1$, $p < 2$ $(p' > 2)$:

$$\|f\|^2_{L^2(T,\infty)} \leq p^{-2/p}\left(\frac{2}{p} - 1\right) T^{1-2/p}\, \|u\|^2_{L^{p'}(0,\infty)} \quad ;$$

2) $p = p' = 2$, $\alpha > 1$:

$$\|f\|^2_{L^2(T,\infty)} \leq \Gamma(\alpha)\, \frac{2^{-\alpha}}{\alpha - 1}\, T^{1-\alpha}\, \|x^{(1-\alpha)/2}\, u\|^2 \quad ,$$

im besonderen, für $\alpha = 2$:

$$\|f\|^2_{L^2(T,\infty)} \leq \frac{1}{4}\,\frac{1}{T}\,\|\hat{B}_2 u\|^2 ,$$

wobei

$$(\hat{B}_2 u)(x) = x^{-\frac{1}{2}} u(x).$$

Literaturverzeichnis

1. Bellman, R.E., Kalaba, R.E. and Lockett, J.: Numerical Inversion of the Laplace Transform, New York, American Elsevier, 1966.

2. Miller, K.: Least Squares Methods for Ill-posed Problems with a Prescribed Bound, SIAM J. Math. Anal. 1(1970), 52-74.

3. Nashed, M.Z. and Wahba, G.: Some Exponent-ally Decreasing Error Bounds for a Numerical Inversion of the Laplace Transform, Journ. Math. Anal. Appl. 52(1975), 660-668.

4. Pucci, C.: Sui Problemi di Cauchy non Ben Posti, Atti Accad. Naz. Linc., Rend. Cl. Sci. Fis. Mat. Natur. (8) 18(1955), 473-477.

5. Schoenberg, I.J.: Remarks Concerning a Numerical Inversion of the Laplace Transform due to Bellman, Kalaba and Lockett, Journ. Math. Anal. Appl. 43(1973), 823-828.

6. Talenti, G.: Sui Problemi Mal Posti, Boll. U.M.I.(5) 15A(1978) 1-29.

Dr. Piero de Mottoni
Istituto per le Applicazioni del Calcolo "Mauro Picone"
Consiglio Nazionale delle Ricerche
Viale del Policlinico, 137
I - 00161 Roma, Italia.

SOLUTION OF MIXED BOUNDARY VALUE PROBLEMS BY THE METHOD OF DISCRETIZATION IN TIME

Karel Rektorys

A survey of results obtained in the author's seminar is presented, concerning theoretical as well as numerical aspects of solution of evolution problems by the method of discretization in time. Parabolic problems, linear as well as nonlinear, including integrodifferential ones, then hyperbolic problems and problems in rheology are investigated. Existence, convergence and regularity questions, error estimates, etc., are discussed.

Many years ago, E. Rothe [10] suggested a method of approximate solution of a parabolic problem of the second order in one space variable. The idea of this method is very simple. Let it be shown on the following simple example :

(1) $$\frac{\partial u}{\partial t} - \frac{\partial^2 u}{\partial x^2} = f \quad \text{in } Q = (0, \ell) \times (0, T) ,$$

(2) $$u(x, 0) = u_0(x)$$

(3) $$u(0, t) = 0, \quad u(\ell, t) = 0 .$$

The interval

$$I = [0, T]$$

is divided into p subintervals I_j, $j = 1, \ldots, p$, of the length

$$h = T/p .$$

At each of the points of division

$$t_j = jh ,$$

the derivative $\partial u / \partial t$ in (1) is replaced by the corresponding difference quotient. Putting

$$z_0 = u_0$$

according to (2), we thus have to find, successively for $j = 1, \ldots, p$, such functions $z_j(x)$ (approximations of the function $u(x, t)$ at the points $t = t_j$) which are solutions of <u>ordinary</u> differential equations

$$- z_j'' + \frac{z_j - z_{j-1}}{h} = f \tag{4}$$

with the boundary conditions

$$z_j(0) = 0 \, , \quad z_j(\ell) = 0 \, . \tag{5}$$

Having obtained these functions, the so-called <u>first Rothe function</u> $u_1(x, t)$ can be constructed on Q, defined in each of the intervals $I_j = \langle t_{j-1}, t_j \rangle$ by

$$u_1(x, t) = z_{j-1} + \frac{z_j - z_{j-1}}{h} (t - t_{j-1}). \tag{6}$$

Dividing the interval I into $2p, 4p, \ldots, 2^{n-1}p, \ldots$ subintervals, we get, in a similar way, the functions

$$u_2(x, t), u_3(x, t), \ldots, u_n(x, t), \ldots \, . \tag{7}$$

It can be expected that, in a certain sense, the sequence of these function will converge to the solution $u(x, t)$ of the problem (1) - (3).

The idea of this method has been applied by many authors (Ladyženskaja [5], Ibragimov [1], etc.) to the solution of substantially more difficult problems. A rather new technics, in this direction, was developed in my work [7]. This technics makes it possible to obtain, in a relatively very simple way, apriori estimates needed for proofs of existence and convergence theorems and to get, at the same time, a very good insight into the structure of corresponding solutions. In particular, convergence questions can be easily studied arising when elliptic problems, generated by the considered method, are solved approximately, using direct variational methods.

This technics was followed by other authors (Nečas [6], Kačur [2], [4], Kačur - Wawruch [3], etc.). Especially, this technics became a base for an intensive study of evolution problems in my seminar held at the Technical University in Prague. The new method was shown to be applicable to a wide scale of evolution problems (parabolic problems, linear as well as nonlinear, including integrodifferential ones and those with an integral condition, describing rather complicated problems in heat conduction, hyperbolic problems, problems encountered in rheology, etc.). To distinguish it from the "classical" Rothe method (or method of lines) and to point out that this method is well applicable to a more general range of problems than to those in differential equations only, it was called the <u>method of discretization in time</u>.

Theoretical as well as numerical aspects of the method were studied in the seminar (existence and convergence questions, continuous dependence of solutions on the given data, regularity properties, error estimates, etc.). Here a brief survey of basic ideas and results is presented, with a short sketch of proofs if useful. For details see my new book [9] (to be published by D. Reidel in 1982).

To begin with, let us start with the relatively simple case of a parabolic problem with time-independent coefficients and with homogeneous initial and boundary conditions :

$$\frac{\partial u}{\partial t} + Au = f \quad \text{in} \quad Q = G \times (0, T) \,, \tag{8}$$

$$u(x, 0) = 0 \,, \tag{9}$$

$$B_i u = 0 \quad \text{on} \quad \Gamma \times (0, T), \ i = 1, \ldots, \mu \,, \tag{10}$$

$$C_i u = 0 \quad \text{on} \quad \Gamma \times (0, T), \ i = 1, \ldots, k - \mu \,. \tag{11}$$

Here, G is a bounded region (multiply connected, in general) in E_N with Lipschitz boundary Γ, $x = (x_1, \ldots, x_N)$,

$$A = \sum_{|i|, |j| \leq k} (-1)^{|i|} D^i (a_{ij}(x) D^j) \tag{12}$$

is a linear differential operator of order $2k$, (10) are boundary conditions, stable with respect to the operator A (thus containing derivatives of orders $\leq k-1$ only), (11) are boundary conditions, unstable with respect to A. Finally,

(13) $\quad f \in L_2(G)$.

The Rothe method, described above, yields the following p boundary value problems, to be solved, successively, for $j = 1, \ldots, p$, starting with $z_0(x) \equiv 0$ according to (9) :

(14) $\quad Az_j + \dfrac{z_j - z_{j-1}}{h} = f$ in G ,

(15) $\quad B_i u = 0$ on Γ ,

(16) $\quad C_i u = 0$ on Γ .

To be able to give the weak formulation of these problems, denote by V the subspace of the Sobolev space $W_2^{(k)}(G)$ defined by

(17) $\quad V = \{v;\ v \in W_2^{(k)}(G)\ ,\ B_i v = 0$ on Γ , $i = 1, \ldots, \mu$, in the sense of traces$\}$

and by $((v, u))$ the bilinear form corresponding to the operator A and to the operators B_i, C_i . (Practically, $((v, u))$ is obtained when multiplying Au by an arbitrary function $v \in V$, integrating over G and applying the Green formula in a familiar way. See, e.g., my book [8] on variational methods.)

In what follows we shall always assume that the form $((v, u))$ is bounded in $V \times V$ and V-elliptic, i.e. that such positive constants K, α exist that

(18) $\quad |((v, u))| \leq K \|v\|_V \|u\|_V$,

(19) $\quad ((v, v)) \geq \alpha \|v\|_V^2$

for all $v, u \in V$.

In the weak formulation, we thus have to find, successively for $j = 1, \ldots, p$, such functions

(20) $\quad z_j \in V$

that the integral identities

(21) $\quad ((v, z_j)) + \frac{1}{h}(v, z_j - z_{j-1}) = (v, f) \quad \forall v \in V$

be satisfied, with

$$z_0(x) \equiv 0 \ . \tag{22}$$

Existence and convergence theorem

Taking (13) into account, (18) and (19) ensure unique solvability of each of the problems (20) - (22). Having found the functions $z_1(x), \ldots, z_p(x)$, the first Rothe function $u_1(x, t)$ can be constructed, defined in the intervals $I_j = \langle t_{j-1}, t_j \rangle$ by

$$u_1(t) = u_1(x, t) = z_{j-1} + \frac{z_j - z_{j-1}}{h} (t - t_{j-1}) \ . \tag{23}$$

We have written $u_1(t)$ to point out that this function can be considered as an abstract function from the interval I into the space V.

Similarly, for the division d_n of the interval I into $2^{n-1}p$ subintervals I_j^n of the lengths $h_n = T/(2^{n-1}p)$ $(n = 1, 2, \ldots)$, we get the functions $u_n(x, t)$ defined in each of the intervals I_j^n by

$$u_n(t) = u_n(x, t) = z_{j-1}^n + \frac{z_j^n - z_{j-1}^n}{h_n} (t - t_{j-1}^n). \tag{24}$$

Here, $z_j^n(x) \in V$ are functions, satisfying the integral identities

$$((v, z_j^n)) + \frac{1}{h_n} (v, z_j^n - z_{j-1}^n) = (v, f) \quad \forall v \in V \ , \tag{25}$$

$$z_0^n(x) \equiv 0 \ . \tag{26}$$

(For $n = 1$, the upper index 1 was omitted in the preceding text.)

In this way, we get the so-called Rothe sequence

$$\{u_n(t)\} \ . \tag{27}$$

To be able to establish properties of this sequence, some apriori estimates are needed. As mentioned above, the possibility to obtain them in a very simple way is one of characteristic features of our method.

Denote, briefly,

$$\frac{z_j^n - z_{j-1}^n}{h_n} = Z_j^n . \tag{28}$$

Then the integral identities (25) can be written in the form

$$((v, z_j^n)) + (v, Z_j^n) = (v, f) \quad \forall\, v \in V . \tag{29}$$

Take $j = 1$ and insert

$$v = Z_1^n \tag{30}$$

into (29) . (This is possible, since $z_0^n = 0$, so that

$$Z_1^n = \frac{z_1}{h_n} \in V .) \tag{31}$$

One gets

$$((Z_1^n, z_1^n)) + (Z_1^n, Z_1^n) = (Z_1^n, f) . \tag{32}$$

The first term is nonnegative by (19) and (31), the second one is equal to $\| Z_1^n \|^2$, the third one is less or equal to $\|Z_1^n\| \, \|f\|$ (in absolute value). Thus (32) yields

$$\|Z_1^n\| \leqq \|f\| . \tag{33}$$

Subtracting the first of the integral identities (25) from the second one and putting $v = Z_2^n$, one gets, in a similar way,

$$\|Z_2^n\| \leqq \|Z_1^n\| \leqq \|f\| , \tag{34}$$

and, in general,

$$\|Z_j^n\| \leqq \|f\| . \tag{35}$$

Thus the norms of the functions Z_j^n are uniformly bounded in the space $L_2(G)$,

$$\|Z_j^n\| \leqq c_1 . \tag{36}$$

(28) and (26) then give, immediately,

$$\|z_j^n\| \leqq T\|f\| = c_2 . \tag{37}$$

V-ellipticity of the form $((v, u))$ yields

$$\|z_j^n\|_V \leqq \sqrt{\left(\frac{2T}{\alpha}\right)} \, \|f\| = c_3 . \tag{38}$$

A simple computation then gives (we write

$$z_{j-1}^n + \frac{z_j^n - z_{j-1}^n}{h_n}(t - t_{j-1}^n) =$$

$$= z_{j-1}^n\left(1 - \frac{t - t_{j-1}^n}{h_n}\right) + z_j^n\, \frac{t - t_{j-1}^n}{h_n})$$

(39) $$\|u_n(t)\|_V \leqq c_3 \quad \forall t \in I .$$

Define the functions

(40) $$\tilde{u}_n(t) = \begin{cases} z_1^n & \text{for } t = 0 \\ z_j^n & \text{in } (t_{j-1}, t_j],\ j = 1, \ldots, 2^{n-1}p, \end{cases}$$

(41) $$U_n(t) = \begin{cases} Z_1^n & \text{for } t = 0 , \\ Z_j^n & \text{in } (t_{j-1}, t_j],\ j = 1, \ldots, 2^{n-1}p. \end{cases}$$

In virtue of (38), (36), we have

(42) $$\|\tilde{u}_n(t)\|_V \leqq c_3 \quad \forall t \in I ,$$

(43) $$\|U_n(t)\| \leqq c_1 \quad \forall t \in I .$$

Consider the space $L_2(I, V)$, or $L_2(I, L_2(G))$ of abstract functions from I into V, or $L_2(G)$, respectively, square integrable on I in the Bochner sense. Each of the functions $u_n(t)$, $\tilde{u}_n(t)$ and $U_n(t)$ belongs to both these spaces. Moreover, these spaces being Hilbert spaces, (39) and (43) imply that such subsequences $\{u_{n_k}(t)\}$, $\{U_{n_k}(t)\}$ can be found that

(44) $$u_{n_k} \rightharpoonup u \quad \text{in} \quad L_2(I, V) ,$$

(45) $$U_{n_k} \rightharpoonup U \quad \text{in} \quad L_2(I, L_2(G)) .$$

Further, a simple computation yields that if (44) holds, then also

(46) $$\tilde{u}_{n_k} \rightharpoonup u \quad \text{in} \quad L_2(I, V)$$

is valid. Moreover, the definitions of $u_n(t)$ and $U_n(t)$ give

$$u_n(t) = \int_0^t U_n(\tau)\, d\tau$$

for every n , wherefrom, by a simple consideration,

(47) $$u(t) = \int_0^t U(\tau)\, d\tau$$

follows. Thus

(48) $u \in L_2(I, V)$,

(49) $u \in AC(I, L_2(G))$,

(50) $u' \in L_2(I, L_2(G))$,

(51) $u(0) = 0$ in $C(I, L_2(G))$.

Moreover, the function $u(t)$ satisfies the following integral identity :

(52) $$\int_0^T ((v, u))dt + \int_0^T (v, u')dt = \int_0^T (v, f)dt \quad \forall\, v \in L_2(I, V) .$$

In fact, regarding (25) and the definitions of the functions $\tilde{u}_n(t)$, $U_n(t)$, we conclude that

$$((v, \tilde{u}_{n_k})) + (v, U_{n_k}) = (v, f)$$

holds for every function $v \in L_2(I, V)$ and (almost) all $t \in I$. Integrating between $t = 0$, $t = T$ and using (45), (46), we get (52). (Note that in consequence of (18), the first integral in (52) represents a bounded linear functional in $L_2(I, V)$ for every fixed $v \in L_2(I, V)$.)

DEFINITION 1. A function $u(t)$ with properties (48) - (52) is called the weak solution of the problem (8) - (11).

Existence of such a weak solution has just been proved. Uniqueness: The difference

$$u(t) = {}^2u(t) - {}^1u(t)$$

of two weak solutions has the properties (48) - (51) and satisfies

$$(53) \qquad \int_0^T ((v, u))dt + \int_0^T (v, u')dt = 0 \quad \forall\, v \in L_2(I, V) .$$

Let $a \in I$ be arbitrary. Let us take, for $v \in L_2(I, V)$, the function defined by

$$(54) \qquad v(t) = \begin{cases} u(t) & \text{for} \quad t \in [0, a] , \\ 0 & \text{for} \quad t \in (a, T] . \end{cases}$$

Inserting into (53), we get

$$(55) \qquad \int_0^a ((u, u))dt + \int_0^a (u, u')dt = 0 .$$

The first integral is nonnegative in virtue of (19), the second one is equal to $\frac{1}{2}\|u(a)\|^2$, because of (49), (50), (51). Thus

$$\frac{1}{2}\|u(a)\|^2 \leqq 0 ,$$

wherefrom $\|u(a)\| = 0$ and, finally, $\|u(t)\| \equiv 0$, since the point a was chosen arbitrarily.

Uniqueness implies, in the familiar way, that not only the sequence $\{u_{n_k}(t)\}$, but the whole sequence $\{u_n(t)\}$ converges to $u(t)$ weakly in $L_2(I, V)$. Moreover, the sequence $\{u_n(t)\}$ being uniformly bounded and equicontinuous in $C(I, L_2(G))$ (because of (36)), and the mapping from V into $L_2(G)$ being compact, we have strong convergence in $C(I, L_2(G))$.

In this way, we have proved

THEOREM 1. Let (13), (18), (19) be fulfilled. Then there exists exactly one weak solution $u(t)$ of the problem (8) - (11). The function $u(t)$ is the weak, or strong limit of the Rothe sequence $\{u_n(t)\}$ in $L_2(I, V)$, or in $C(I, L_2(G))$, respectively.

Thus, using the method of discretization in time, we have derived an existence and convergence theorem for the given parabolic problem in a relatively very simple way, using well-known results from the theory of elliptic problems only.

However, not only this result is easily derived by our method. We mention here, in a brief survey, some other results obtained in my seminar, referring the reader for details to the announced book [9].

Error estimates

Let (18), (19) be fulfilled. Let, moreover, $f \in V$ and let such a constant M exist that

$$|((v, f))| \leqq M\|v\| \quad \forall v \in V . \tag{56}$$

(Practically, this condition means that $Af \in L_2(G)$; then $M = \|Af\|$ can be taken.) Then for the difference, at the point $t_j = jh$, between the weak solution $u(x, t)$ and the first Rothe function $u_1(x, t)$, the following estimate holds :

$$\|u(x, t_j) - u_1(x, t_j)\| \leqq \frac{jh^2M}{2} . \tag{57}$$

If, moreover, the constant C of positive definiteness can be easily found, i.e. such a number $C > 0$ that

$$((v, v)) \geqq C^2\|v\|^2 \quad \forall v \in V \tag{58}$$

is valid, then a slightly better estimate

$$\|u(x, t_j) - u_1(x, t_j)\| \leqq \frac{hM}{2C^2} (1 - e^{-C^2 jh}) \tag{59}$$

can be applied.

Both the estimates (57), (59) are very sharp and cannot be improved, practically, as shown in [9].

Nonhomogeneous initial and boundary conditions

Consider the case of a nonhomogeneous initial condition $u(x, 0) = u_0(x)$. If only $u_0 \in L_2(G)$ is assumed, then the above way of inserting $v = Z_1^n$ into (29) (written for $j = 1$) cannot be applied, because then

$$Z_1^n = \frac{z_1^n - z_0^n}{h_n} = \frac{z_1^n - u_0}{h_n}$$

does not belong to V , in general. Thus first u_0 sufficiently smooth is assumed to obtain the concept of a weak solution similar to that from Definition 1 . Continuous dependence, in

$C(I, L_2(G))$, of this weak solution on $\| u_0 \|$ is shown. Only then $u_0 \in L_2(G)$ is considered and the concept of a very weak solution obtained by a limit process.

Also the case of nonhomogeneous boundary conditions requires a slight modification of the above presented proof of Theorem 1.

Convergence of the Ritz-Rothe method

Let the problems (20) - (22) be solved approximately by the Ritz method (or by a method with similar properties). In details, let the function z_1 be replaced by its Ritz approximation

$$z_1^* = \sum_{i=1}^{s_1} a_{ij} v_j \ , \tag{60}$$

where $\{v_i\}$ is a base in V . The number s_1 being chosen, the coefficients a_{ij} in (60) are uniquely determined. For $j = 2$ let us replace, in (21), z_1 by z_1^* and denote by $\tilde{z}_2 \in V$ the function satisfying the so-obtained integral identity

$$((v, \tilde{z}_2)) + \frac{1}{h}(v, \tilde{z}_2 - z_1^*) = (v, f) \quad \forall\, v \in V \ . \tag{61}$$

Let

$$z_2^* = \sum_{i=1}^{s_2} a_{ij} v_i \tag{62}$$

be the Ritz approximation of $\tilde{z}_2, \ldots,$

$$z_p^* = \sum_{i=1}^{s_p} a_{ij} v_i \tag{63}$$

the Ritz approximation of $\tilde{z}_p$. Construct the "Ritz-Rothe function" $u_1^*(x, t)$ defined in each of the intervals $I_j = \langle t_{j-1}, t_j \rangle$ by

$$u_1^* = z_{j-1}^* + \frac{z_j^* - z_{j-1}^*}{h} (t - t_{j-1}) \ . \tag{64}$$

Then to every $\varepsilon > 0$ such a (sufficiently small) h and such (sufficiently large) numbers $s_1, \ldots, s_p$ in (60), (62), ..., (63) can be found that

(65) $\qquad \| u(x, t) - u_1^*(x, t) \| < \varepsilon \qquad \forall\, t \in I$,

where $u(x, t)$ is the weak solution of the problem (8) - (11) by Definition 1.

This result can be easily extended for the case of nonhomogeneous initial and boundary conditions.

<u>Regularity of the (very) weak solution</u>

Regularity "with respect to x" is studied in the above quoted work [3] by Kačur and Wawruch. Regularity results inside of the domain G , derived for elliptic problems, are utilized.

Regularity "with respect to t" was in center of interest in my seminar. Results of the following kind were obtained:

Let $u(t) = u(x, t)$ be the very weak solution of the problem (8) - (11) with homogeneous equation $(f(x) \equiv 0)$ and nonhomogeneous initial condition $(u(x, 0) = u_0(x))$. Let

(66) $\qquad u_0 \in L_2(G)$.

Let the form $((v, u))$ satisfy (18), (19) and let it be V-symmetric, i.e. let

(67) $\qquad ((v, u)) = ((u, v)) \quad \forall\, v, u \in V$

hold. Then

(68) $\qquad u \in L_2([\eta, T], V)$

for every $0 < \eta < T$, and $u(t)$, as an abstract function from $[\eta, T]$ into V , has in $[\eta, T]$ derivatives of all orders with respect to t . For details see [9].

Thus as concerns parabolic problems with time-independent coefficient, its analysis by the method of discretization in time can be taken as complete.

However, other kinds of problems have been investigated by this method in my seminar, in particular mixed boundary value problems for the equations

(69) $\qquad \dfrac{\partial u}{\partial t} + A(t)u = f(t)$,

(70) $$\frac{\partial u}{\partial t} + Au = f$$

with A nonlinear,

(71) $$\frac{\partial u}{\partial t} + Au = \int_0^t g(x, \tau, u(x, \tau))d\tau + f(x, t, u) ,$$

(72) $$\frac{\partial u}{\partial t} + Au = f(x, t, u(x, t), r(x, t))$$

with an integral condition

(73) $$r(x, t) = \int_0^t f(x, \tau, u(x, \tau), r(x, \tau))d\tau ,$$

(74) $$\frac{\partial^2 u}{\partial t^2} + Au = f .$$

Let us note that by (71), or (72), (73) special processes in heat conduction are described. Moreover, application of the method of discretization in time to integrodifferential problems in rheology was considered.

Not all these problems have been solved in such a completeness as in the case of the above discussed problem. (It could not be expected, of course, that all be completely finished in such a short time.) However, all basic questions concerning existence and convergence have been answered and many other interesting results obtained. For example, in the nonlinear case (70) a numerical method was shown, suitable for solving the generated elliptic problems, and the convergence of the "Ritz--Rothe method" was proved. Interesting error estimates were derived in the case of hyperbolic problems (74), etc. For details see the announced book [9], where also a lot of numerical examples from different fields of evolution equations can be found showing the routine of the method and testing efficiency of the derived error estimates.

References :

[1] Ibragimov, Š. I. : On the Analogy of the Method of Lines for Differential Equations in Abstract Spaces. Dokl. Azerb. Ak. Nauk XXI (1965), No 6. (In Russian)

[2] Kačur, J. : Method of Rothe and Parabolic Boundary Value Problems of Arbitrary Order. Czech. Math. J. 28(1978), 507-524.
[3] Kačur, J. - Wawruch, A. : On an Approximate Solution for Quasilinear Parabolic Equations. Czech. Math. J. 27 (1977), 220 - 241.
[4] Kačur, J. : Application of Rothe's Method to Nonlinear Equations. Mat. Čas. 25 (1975), 63-81.
[5] Ladyženskaja, O. A. : On the Solution of Nonstationary Operator Equations. Mat. Sbornik 39,(1956), No 4. (In Russian.)
[6] Nečas, J. : Application of Rothe's Method to Abstract Parabolic Equations. Czech. Math. J. 24(1974), 496-500.
[7] Rektorys, K. : Application of Direct Variational Methods to the Solution of Parabolic Boundary Value Problems of Arbitrary Order. Czech. Math. J. 21 (1971), 318-339.
[8] Rektorys, K. : Variational Methods in Mathematics, Science and Engineering.2-nd Ed. Dortrecht-Boston, Reidel 1979.
[9] Rektorys, K. : The Method of Discretization in Time and Partial Differential Equations. Dortrecht-Boston, Reidel, to appear in 1982.
[10] Rothe, E. : Zweidimensionale parabolische Randwertaufgaben als Grenzfall eindimensionaler Randwertaufgaben. Math. Ann. 102 (1930).

Author's address : Prof. RNDr. Karel Rektorys, DrSc.,
Technical University Prague,
Thákurova 7,
166 29 Praha 6.

DIE METHODE DER KONJUGIERTEN GRADIENTEN MIT VORKONDITIONIERUNGEN

Hans-Rudolf Schwarz

The method of conjugate gradients for the solution of very large symmetric and positive definite systems of linear equations represents an economical algorithm if certain techniques of preconditioning are applied. The procedure consists of an appropriate congruence transformation of the given system matrix $\underline{A}$ in order to reduce the condition number essentially, thus improving the convergence. Three known types of preconditioning with triangular matrices of the same structure as $\underline{A}$ are considered. Numerical experiments on the convergence behaviour of the resulting preconditioned cg-algorithm are reported for a series of representative examples originating from finite difference and finite element approximations for typical engineering problems.

1. Einleitung

Vor bald 30 Jahren haben Hestenes und Stiefel [10] die Methode der konjugierten Gradienten zur Lösung von grossen symmetrisch-definiten und schwach besetzten linearen Gleichungssystemen $\underline{A}\underline{x} + \underline{b} = \underline{0}$, in n Unbekannten vorgeschlagen und theoretisch begründet. Man war damals davon überzeugt, damit einen wirklich effizienten Algorithmus gefunden zu haben, mit welchem sowohl die schwache Besetzung der Koeffizientenmatrix voll ausgenützt werden kann, der auch die Lösung theoretisch nach höchstens n Iterationsschritten liefert, und der zudem keine problematische Wahl eines konvergenzbeschleunigenden Parameters erfordert.

Die hohen Erwartungen wurden dann jedoch durch die numerische Tatsache getrübt, dass die Folge der berechneten Residuenvektoren nicht paarweise orthogonal ausfallen, und deshalb häufig bedeutend mehr als n Iterationsschritte erforderlich sind. Die numerische Abweichung von der Theorie wächst mit der Konditionszahl $\kappa(\underline{A})$ der Systemmatrix $\underline{A}$, und es lässt sich auch zeigen, dass die

Anzahl Iterationsschritte zur Erzielung einer vorgegebenen Genauigkeit mit $\sqrt{\kappa(\underline{A})}$ zunimmt [3]. Da aus bekannten Gründen die linearen Gleichungssysteme von Differenzenapproximationen zu Randwertaufgaben zweiter und insbesondere vierter Ordnung mit zunehmender Verfeinerung der Diskretisation eine äusserst schlechte Kondition aufweisen, verlor die Methode der konjugierten Gradienten ihre praktische Bedeutung, auch wenn Rutishauser [5] grosse Anstrengungen unternommen hat, konvergenzverbessernde Techniken anzuwenden.

Auch schienen die iterativen Verfahren mit dem Aufkommen der modernen Grosscomputer mit den verfügbaren Speicherkapazitäten vollends ausgespielt zu haben. Da aber einerseits in technischen Anwendungsbereichen die Ordnung n der zu lösenden Gleichungssysteme enorm zugenommen hat und anderseits dazu auch Kleincomputer mit beschränkter Kapazität des Zentralspeichers und langsamen Hilfsspeichern zum Einsatz gelangen, ist die Methode der konjugierten Gradienten aus ihrem Dornröschenschlaf wiedererweckt worden und erweist sich bei der Anwendung von Vorkonditionierungsmassnahmen als sehr effizient [12].

Im folgenden will ich drei bekannte Varianten der Vorkonditionierung betrachten und über experimentelle Ergebnisse des Konvergenzverhaltens im Fall von recht typischen Beispielen aus verschiedenen Anwendungsgebieten berichten.

2. Der normale Algorithmus

Wir gehen aus vom bekannten Algorithmus der Methode der konjugierten Gradienten zur iterativen Lösung von (1) (vgl.[17]):

Start: Wahl von $\underline{v}^{(o)}$;

$$\underline{r}^{(o)} = \underline{A}\underline{v}^{(o)} + \underline{b}; \quad \underline{p}^{(1)} = -\underline{r}^{(o)} \tag{2}$$

Iterationsschritte $(k = 1,2,\ldots)$:

$$e_{k-1} = \underline{r}^{(k-1)T}\underline{r}^{(k-1)}/\underline{r}^{(k-2)T}\underline{r}^{(k-2)} \tag{3}$$

$$\underline{p}^{(k)} = -\underline{r}^{(k-1)} + e_{k-1}\,\underline{p}^{(k-1)} \tag{4}$$

(3), (4): falls $k \geq 2$

$$q_k = \underline{r}^{(k-1)T}\underline{r}^{(k-1)}/\underline{p}^{(k)T}(\underline{A}\,\underline{p}^{(k)}) \tag{5}$$

$$\underline{v}^{(k)} = \underline{v}^{(k-1)} + q_k\,\underline{p}^{(k)} \tag{6}$$

$$\underline{r}^{(k)} = \underline{r}^{(k-1)} + q_k(\underline{A}\,\underline{p}^{(k)}) \tag{7}$$

Der allgemeine k-te Iterationsschritt erfordert die Multiplikation der Matrix $\underline{A}$ mit dem Relaxationsvektor $\underline{p}^{(k)}$, die Berechnung von zwei Skalarprodukten und die Multiplikation von drei Vektoren mit je einem Skalar. Es bedeute $N = \gamma n$ die Anzahl der von Null verschiedenen Matrixelemente von $\underline{A}$, wobei γ die mittlere Anzahl der von Null verschiedenen Elemente jeder Zeile darstellt. Der Rechenaufwand pro Iterationsschritt beläuft sich deshalb auf

$$Z_{cg} = (5 + \gamma)n \tag{8}$$

Multiplikationen und Additionen.

3. Die Vorkonditionierung

Eine entscheidende Reduktion der Iterationszahl wird durch Verbesserung der Kondition des gegebenen Gleichungssystems erzielt. Die einfachste und naheliegendste Massnahme zur Verkleinerung der Konditionszahl besteht darin, die gegebene Matrix $\underline{A}$ durch eine gleichzeitige Zeilen- und Kolonnenskalierung in eine äquilibrierte oder fast äquilibrierte Matrix $\hat{\underline{A}}$ gemäss

$$\hat{\underline{A}} = \underline{D}\,\underline{A}\,\underline{D}\,, \tag{9}$$

zu überführen, wo $\underline{D}$ eine Diagonalmatrix mit positiven Diagonalelementen bedeutet. Da die exakte Aequilibrierung recht aufwendig ist, beschränkt man sich aus praktischen Gründen auf eine Skalierung mit den Faktoren

$$d_i = 1/\sqrt{a_{ii}} \qquad (i = 1,2,\ldots,n). \tag{10}$$

Die Diagonalelemente werden $\hat{a}_{ii} = 1$, und auf Grund der positiven Definitheit von $\underline{A}$ und $\hat{\underline{A}}$ folgen für die Zeilen- und Kolonnennormen die Ungleichungen

$$1 \leq \left[\sum_{j=1}^{n} a_{ij}^2\right]^{1/2} \leq \sqrt{\gamma_i}\,, \qquad (i = 1,2,\ldots,n)\,, \tag{11}$$

wo γ_i die Anzahl der von Null verschiedenen Matrixelemente der i-ten Zeile bebedeutet. Die Skalierung gemäss (10) bringt dann oft bereits eine wesentliche Konditionsverbesserung, falls die Diagonalelemente der gegebenen Matrix $\underline{A}$ starke Grössenunterschiede aufweisen. Dies trifft beispielsweise in Anwendungen der Methode der finiten Elemente zu, falls neben Funktionswerten auch partielle Ableitungen als Knotenvariable auftreten (vgl. dazu [18,19]). Im Fall von Differenzenapproximationen oder finiten Elementen mit nur Funktionswerten als

Knotenvariablen ist die Skalierung in der Regel hingegen eine untaugliche Massnahme zur Konditionsverbesserung.

Unterwirft man jedoch die Matrix $\underline{A}$ einer Kongruenztransformation mit einer geeignet gewählten regulären Matrix $\underline{H}$, so kann die Kondition sehr drastisch verbessert werden. Das gegebene System $\underline{A}\underline{x} + \underline{b} = \underline{0}$ wird umgeformt gemäss

$$\underline{H}^{-1}\underline{A}\,\underline{H}^{-T}\underline{H}^{T}\underline{x} + \underline{H}^{-1}\underline{b} = \underline{0}. \tag{12}$$

Mit den Hilfsgrössen

$$\underline{B} = \underline{H}^{-1}\underline{A}\,\underline{H}^{-T} \;, \quad \underline{c} = \underline{H}^{-1}\underline{b} \;, \quad \underline{y} = \underline{H}^{T}\underline{x} \tag{13}$$

wird (12) zu

$$\underline{B}\underline{y} + \underline{c} = \underline{0} \tag{14}$$

mit der symmetrischen und positiv definiten Matrix $\underline{B}$. Das Ziel besteht nun darin, $\underline{H}$ so zu bestimmen, dass $\kappa(\underline{B}) \ll \kappa(\underline{A})$ gilt. Einen ersten Hinweis für die problemgerechte Wahl von $\underline{H}$ liefert die Tatsache, dass $\underline{B}$ ähnlich ist zu

$$\underline{H}^{-T}\underline{B}\,\underline{H}^{T} = \underline{H}^{-T}\underline{H}^{-1}\underline{A}\,\underline{H}^{-T}\underline{H}^{T} = \underline{H}^{-T}\underline{H}^{-1}\underline{A} = \underline{C}^{-1}\underline{A} \;, \qquad \underline{C} = \underline{H}\,\underline{H}^{T} \;. \tag{15}$$

Mit $\underline{C} = \underline{A}$ würde $\underline{B}$ ähnlich zu $\underline{I}$, und man hätte $\kappa(\underline{B}) = 1$. Daraus folgt, dass $\underline{C}$ eine Approximation von $\underline{A}$ darstellen muss. Bevor wir auf die konkrete Wahl von $\underline{H}$ eingehen, sind noch einige Ueberlegungen zur Durchführung der Methode der konjugierten Gradienten für das System (14) angebracht.

Der normale Algorithmus (2) bis (7) kann auf das System (14) angewendet werden, wobei selbstverständlich die Matrix $\underline{B}$ nach (13) nicht explizit berechnet werden darf, da sie im allgemeinen voll besetzt sein wird. Die Berechnung von $\underline{z} = \underline{B}\underline{p}^{(k)}$ muss vielmehr implizit in den drei Schritten erfolgen

$$\underline{H}^{T}\underline{h}_1 = \underline{p}^{(k)}, \qquad \underline{h}_2 = \underline{A}\underline{h}_1 \;, \qquad \underline{H}\underline{z} = \underline{h}_2. \tag{16}$$

Das liefert den zweiten Hinweis, dass nämlich $\underline{H}$ so zu wählen sein wird, dass das erste und dritte Gleichungssystem in (16) ohne zu grossen Aufwand lösbar ist.

Damit die sukzessive berechneten Vektoren $\underline{v}$ unmittelbar Näherungen der gesuchten Lösung darstellen,dürfte es ebenso zweckmässig sein, den normalen Algorithmus so zu modifizieren , dass er im Prinzip mit den ursprünglichen Grössen arbeitet und die Vorkonditionierung implizit ausführt. Zu diesem

Zweck formuliere ich den normalen Prozess für das System (14), um anschliessend die Matrix $\underline{B}$ wieder zu eliminieren.

Start: Wahl von $\tilde{\underline{v}}^{(o)}$;

$$\tilde{\underline{r}}^{(o)} = \underline{B}\tilde{\underline{v}}^{(o)} + \underline{c}\,, \quad \tilde{\underline{p}}^{(1)} = -\tilde{\underline{r}}^{(o)} \tag{17}$$

Iterationsschritte ($k = 1,2,\ldots$):

$$\tilde{e}_{k-1} = \tilde{\underline{r}}^{(k-1)T}\tilde{\underline{r}}^{(k-1)}/\tilde{\underline{r}}^{(k-2)T}\tilde{\underline{r}}^{(k-2)} \tag{18}$$

$$\tilde{\underline{p}}^{(k)} = -\tilde{\underline{r}}^{(k-1)} + \tilde{e}_{k-1}\,\tilde{\underline{p}}^{(k-1)} \tag{19}$$

falls $k \geqq 2$ (für (18) und (19))

$$\tilde{q}_k = \tilde{\underline{r}}^{(k-1)T}\tilde{\underline{r}}^{(k-1)}/\tilde{\underline{p}}^{(k)T}(\underline{B}\tilde{\underline{p}}^{(k)}) \tag{20}$$

$$\tilde{\underline{v}}^{(k)} = \tilde{\underline{v}}^{(k-1)} + \tilde{q}_k\,\tilde{\underline{p}}^{(k)} \tag{21}$$

$$\tilde{\underline{r}}^{(k)} = \tilde{\underline{r}}^{(k-1)} + \tilde{q}_k(\underline{B}\tilde{\underline{p}}^{(k)}) \tag{22}$$

Nach (12), (13), (17) und (19) gelten die Beziehungen

$$\tilde{\underline{r}}^{(k)} = \underline{H}^{-1}\underline{r}^{(k)}\,, \quad \tilde{\underline{v}}^{(k)} = \underline{H}^{T}\underline{v}^{(k)}\,, \quad \tilde{\underline{p}}^{(k)} = \underline{H}^{-1}\underline{p}^{(k)}\,. \tag{23}$$

Aus (21), (22) und (19) folgen mit (13), (15) und (23)

$$\underline{v}^{(k)} = \underline{v}^{(k-1)} + \tilde{q}_k(\underline{C}^{-1}\underline{p}^{(k)}) \tag{24}$$

$$\underline{r}^{(k)} = \underline{r}^{(k-1)} + \tilde{q}_k\underline{A}(\underline{C}^{-1}\underline{p}^{(k)}) \tag{25}$$

$$\underline{C}^{-1}\underline{p}^{(k)} = -\underline{C}^{-1}\underline{r}^{(k-1)} + \tilde{e}_{k-1}(\underline{C}^{-1}\underline{p}^{(k-1)}) \tag{26}$$

Mit den Hilfsvektoren

$$\underline{g}^{(k)} = \underline{C}^{-1}\underline{p}^{(k)}\,, \quad \underline{\rho}^{(k)} = \underline{C}^{-1}\underline{r}^{(k)} \tag{27}$$

stellt (26) eine Rekursionsformel für $\underline{g}^{(k)}$ dar. Schliesslich werden die Skalarprodukte in (18) und (20)

$$\tilde{\underline{r}}^{(k-1)T}\tilde{\underline{r}}^{(k-1)} = \underline{r}^{(k-1)T}\underline{H}^{-T}\underline{H}^{-1}\underline{r}^{(k-1)} = \underline{r}^{(k-1)T}\underline{\rho}^{(k-1)}\,,$$

$$\tilde{\underline{p}}^{(k)T}\underline{B}\tilde{\underline{p}}^{(k)} = \underline{p}^{(k)T}\underline{H}^{-T}\underline{H}^{-1}\underline{A}\,\underline{H}^{-T}\underline{H}^{-1}\underline{p}^{(k)} = \underline{g}^{(k)T}\underline{A}\underline{g}^{(k)}\,.$$

Die Hilfsvektoren $\underline{g}^{(k)}$ treten im wesentlichen an die Stelle der $\underline{p}^{(k)}$, und der

Algorithmus der vorkonditionierten Methode der konjugierten Gradienten lautet:

Start: Wahl von $\underline{v}^{(o)}$ und von $\underline{H}$ mit $\underline{C} = \underline{H}\,\underline{H}^T$;

$$\underline{r}^{(o)} = \underline{A}\underline{v}^{(o)} + \underline{b}\ ; \quad \underline{C}\underline{\rho}^{(o)} = \underline{r}^{(o)}\ ; \quad \underline{g}^{(1)} = -\underline{\rho}^{(o)}. \tag{28}$$

Iterationsschritte (k = 1,2,...):

$$\left.\begin{aligned} \tilde{e}_{k-1} &= \underline{r}^{(k-1)T}\underline{\rho}^{(k-1)}/\underline{r}^{(k-2)T}\underline{\rho}^{(k-2)} & (29)\\ \underline{g}^{(k)} &= -\underline{\rho}^{(k-1)} + \tilde{e}_{k-1}\underline{g}^{(k-1)} & (30) \end{aligned}\right\}\ \text{falls}\quad k \geqq 2$$

$$\tilde{q}_k = \underline{r}^{(k-1)T}\underline{\rho}^{(k-1)}/\ [\underline{g}^{(k)T}(\underline{A}\underline{g}^{(k)})] \tag{31}$$

$$\underline{v}^{(k)} = \underline{v}^{(k-1)} + \tilde{q}_k\underline{g}^{(k)} \tag{32}$$

$$\underline{r}^{(k)} = \underline{r}^{(k-1)} + \tilde{q}_k(\underline{A}\underline{g}^{(k)}) \tag{33}$$

$$\underline{C}\underline{\rho}^{(k)} = \underline{r}^{(k)} \tag{34}$$

Im Vergleich zum normalen cg-Algorithmus erfordert jetzt jeder Iterationsschritt zusätzlich die Lösung des Gleichungssystems (34) nach $\underline{\rho}^{(k)}$. Dieser Zusatz darf nicht zu aufwendig sein.

4. Wahl der Konditionierungsmatrix

Auf Grund der Anforderungen an die Matrix $\underline{H}$ kommen aus praktischen Gründen nur schwach besetzte Linksdreiecksmatrizen in Frage,so dass das System (34) mit Hilfe des Vorwärts- und Rückwärtseinsetzens gelöst werden kann. Im folgenden wird allein der Spezialfall von Linksdreiecksmatrizen $\underline{H}$ betrachtet, deren Besetzungsstruktur mit derjenigen von $\underline{A}$ identisch ist. Die Einschränkung erklärt sich im Hinblick auf eine möglichst allgemeine Anwendbarkeit und auf die praktische Realisierung als Computerprogramm.

a) Eine erste Wahl der Konditionierungsmatrix $\underline{H}$ geht zurück auf Evans [6,7] und Axelsson [1,2,3]. Sie basiert auf der gegebenen Matrix $\underline{A}$, welche zur alleinigen Erhöhung der Effizienz im Sinn von (10) als skaliert vorausgesetzt wird, und somit als Summe einer unteren Dreiecksmatrix $\underline{E}$, der Einheitsmatrix $\underline{I}$ und einer oberen Dreiecksmatrix $\underline{F}$ darstellbar ist.

$$\underline{A} = \underline{E} + \underline{I} + \underline{F}, \quad \underline{F} = \underline{E}^T \tag{35}$$

Dann sei

$$\underline{H} = \underline{I} + \omega\underline{E} \quad \text{mit} \quad \underline{C} = \underline{H}\,\underline{H}^T = (\underline{I} + \omega\underline{E})(\underline{I} + \omega\underline{F}). \tag{36}$$

Die Matrix $\underline{H} = \underline{I} + \omega\underline{E}$ weist offenbar dieselbe Besetzungsstruktur wie $\underline{A}$ auf, ist regulär, hängt vom noch geeignet zu wählenden Parameter ω ab und erfordert insbesondere keinen zusätzlichen Speicherplatz. Die Matrix $\underline{C}$ stellt für $\omega \neq 0$ tatsächlich eine gewisse Näherung der skalierten Matrix $\underline{A}$ dar, denn es gilt

$$\underline{C} = \underline{I} + \omega\underline{E} + \omega\underline{F} + \omega^2\underline{E}\,\underline{F} = \omega[\underline{A} + (\omega^{-1}-1)\underline{I} + \omega\underline{E}\,\underline{F}]. \tag{37}$$

Für $\omega = 0$ reduziert sich $\underline{H}$ auf $\underline{I}$, so dass in diesem Fall die vorkonditionierte cg-Methode der normalen cg-Methode, angewendet auf die skalierte Matrix, entspricht.

Unter Ausnützung der schwachen Besetzung der Matrix $\underline{H}$ und unter Beachtung der Einselemente in der Diagonalen beträgt der Rechenaufwand zur Lösung von (34) $N - n = (\gamma-1)n$ Multiplikationen und Additionen. Der Rechenaufwand für einen Iterationsschritt beträgt deshalb

$$Z_{cg1} = (4 + 2\gamma)n. \tag{38}$$

Auf Grund bestimmter Analogien, insbesondere der Abhängigkeit des Konvergenzverhaltens von ω, wird der resultierende Algorithmus als SSOR-Vorkonditionierung bezeichnet [1].

b) Die genannten Anforderungen an die Konditionierungsmatrix $\underline{H}$ (Linksdreiecksmatrix, $\underline{C} = \underline{H}\,\underline{H}^T$ Approximation von $\underline{A}$, $\underline{H}$ identische Besetzung wie $\underline{A}$) präjudizieren für $\underline{H}$ eine sogenannte partielle Cholesky-Zerlegung von $\underline{A}$, bei welcher der Auffüll-Prozess schlicht und einfach unterdrückt wird. Der erste repräsentative Schritt einer partiellen oder unvollständigen Cholesky-Zerlegung wird in Figur 1 veranschaulicht , wo X für Matrixelemente ungleich Null stehen, * Werte darstellen, welche durch das Fill-in entstehen, dann aber in der partiellen Zerlegung für die folgenden Schritte gleich Null gesetzt werden.

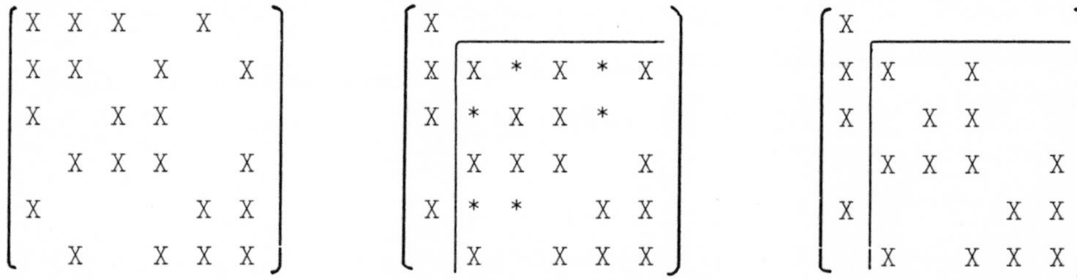

$$\begin{bmatrix} X & X & X & & X & \\ X & X & & X & & X \\ X & & X & X & & \\ & X & X & X & & X \\ X & & & & X & X \\ & X & & X & X & X \end{bmatrix}$$

Struktur der gegebenen Matrix

$$\left[\begin{array}{c|ccccc} X & & & & & \\ \hline X & X & * & X & * & X \\ X & * & X & X & * & \\ & X & X & X & & X \\ X & * & * & & X & X \\ & X & & X & X & X \end{array}\right]$$

1.Schritt der vollständigen Cholesky-Zerlegung mit Fill-in

$$\left[\begin{array}{c|ccccc} X & & & & & \\ \hline X & X & & X & & \\ X & & X & X & & \\ & X & X & X & & X \\ X & & & & X & X \\ & X & & X & X & X \end{array}\right]$$

1.Schritt der partiellen Cholesky-Zerlegung

Fig. 1 Erster Schritt der partiellen Zerlegung

Die skizzierte partielle Cholesky-Zerlegung [4,11,13,16,20,21] braucht selbstverständlich für beliebige symmetrisch-definite Matrizen $\underline{A}$ nicht zu existieren. Immerhin ist gezeigt worden, dass sie durchführbar ist für M-Matrizen, wie sie bei Differenzenapproximationen auftreten [15]. Für den allgemeinen Fall schlägt Manteuffel [14] vor, die Aussendiagonalelemente der stets als skaliert vorausgesetzten Matrix $\underline{A}$ mit einem gemeinsamen Faktor zu reduzieren. Seinem Vorschlag folgend wird die partielle Cholesky-Zerlegung der Matrix

$$\tilde{\underline{A}} = \underline{I} + \frac{1}{1+\alpha}(\underline{E} + \underline{F}) \quad , \qquad \underline{A} = \underline{E} + \underline{I} + \underline{F} \tag{39}$$

mit einem möglichst kleinen $\alpha \geq 0$ als Vorkonditionierungsmatrix $\underline{H}$ verwendet.

Die praktische Durchführung der vorkonditionierten cg- Methode mit einer partiellen Cholesky-Zerlegung erfordert einen zusätzlichen Speicherbedarf für $\underline{H}$ von $N_H = \frac{1}{2}(N-n)$ Plätzen, dann einen einmaligen Rechenaufwand zur Bestimmung von $\underline{H}$ verbunden mit der problemgerechten Wahl von α. Damit die resultierende Matrix $\underline{H}$ selbst nicht zu schlecht konditioniert wird, müssen zu kleine Diagonalelemente h_{ii} vermieden werden. Deshalb wird eine partielle Cholesky-Zerlegung nur dann akzeptiert, falls $h_{ii} \geq 10^{-3}$ $(i = 1,2,\ldots n)$ gilt.

Die Auflösung des Systems (34) $\underline{H}\,\underline{H}^T\underline{\rho}^{(k)} = \underline{r}^{(k)}$ erfordert jetzt $N + n = (\gamma+1)n$ wesentliche Operationen. Der Rechenaufwand für einen Iterationsschritt ist somit

$$Z_{cg2} = (6 + 2\gamma)n. \tag{40}$$

Der Prozess der partiellen Cholesky-Zerlegung für einen Wert α benötigt sowohl $N-n = (\gamma-1)n$ Multiplikationen zur Verkleinerung der Aussendiagonalelemente als auch grössenordnungsmässig etwa $\frac{1}{2}\gamma^2 n$ Tests auf Fill-in und einen Bruchteil davon an Multiplikationen in den Fällen, wo kein Fill-in stattfindet.

$$Z_{part} \leqq (\frac{1}{2}\gamma^2 + \gamma - 1)\, n \tag{41}$$

c) Eine Variante zur partiellen Cholesky-Zerlegung zur Gewinnung von $\underline{H}$ besteht darin, den anfallenden Fill-in in den einzelnen Eliminationsschritten so zu berücksichtigen, dass die betreffenden Werte zu den zugehörigen Diagonalelementen addiert werden [8,9]. Das Vorgehen ist motiviert durch die Ueberlegung, dass die resultierende Matrix $\underline{H}$ die Cholesky-Zerlegung der Matrix $\underline{C}$ darstellt, welche die gleichen Zeilensummeneigenschaften wie $\underline{A}$ hat. Der erste repräsentative Schritt einer modifizierten partiellen Cholesky-Zerlegung wird in Figur 2 veranschaulicht, wo die Addition des Fill-in durch Pfeile angedeutet wird.

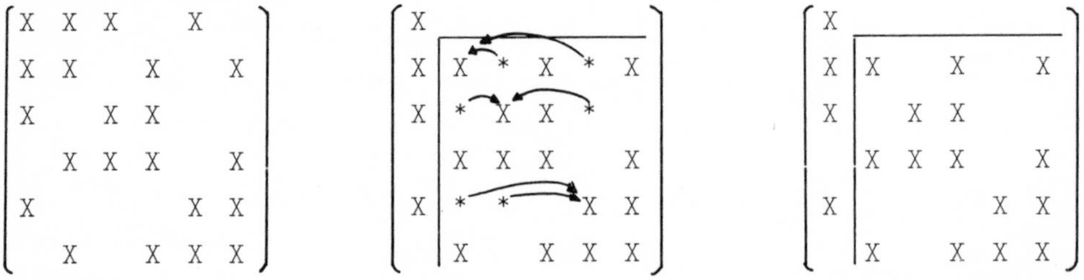

$$\begin{pmatrix} X & X & X & & X & \\ X & X & & X & & X \\ X & & X & X & & \\ & X & X & X & & X \\ X & & & & X & X \\ & X & & X & X & X \end{pmatrix} \qquad \left(\begin{array}{c|ccccc} X & & & & & \\ \hline X & X & * & X & * & X \\ X & * & X & X & * & \\ & X & X & X & & X \\ X & * & * & & X & X \\ & X & & X & X & X \end{array}\right) \qquad \left(\begin{array}{c|ccccc} X & & & & & \\ \hline X & X & & X & & X \\ X & & X & X & & \\ & X & X & X & & X \\ X & & & & X & X \\ & X & & X & X & X \end{array}\right)$$

Struktur der gegebenen Matrix — 1.Schritt der vollständigen Zerlegung mit Modifikationen — 1.Schritt der modifizierten Cholesky-Zerlegung

Fig. 2 Zur modifizierten partiellen Cholesky-Zerlegung

Die modifizierte partielle Cholesky-Zerlegung existiert ebenfalls für M-Matrizen [8]. Damit sie allgemein durchführbar wird, schlägt Gustafsson [8] vor, zu den Diagonalelementen der wiederum skaliert vorausgesetzten Matrix $\underline{A}$ einen kleinen Wert $\sigma \geqq 0$ zu addieren, so dass die modifizierte partielle Cholesky-Zerlegung von

$$\underline{\tilde{A}} = \underline{A} + \sigma\underline{I} = \underline{E} + (1+\sigma)\underline{I} + \underline{F} \tag{42}$$

als Konditionierungsmatrix $\underline{H}$ verwendet wird. Auch hier soll $\underline{H}$ nur mit $h_{ii} \geqq 10^{-3}$ akzeptiert werden.

Der Rechenaufwand pro Iterationsschritt ist wiederum gegeben durch (40), während die Bestimmung von $\underline{H}$ für einen Wert σ jetzt einen Aufwand von rund

$$Z_{mpart} \approx \frac{1}{2}\gamma^2 n = \frac{1}{2}\gamma N \qquad (43)$$

Multiplikationen erfordert.

5. Beispiele

Die Wirkungsweise der drei Vorkonditionierungsmethoden soll an einer Reihe von repräsentativen Beispielen illustriert werden. Die vorkonditionierten cg-Methoden sind nach dem Algorithmus (28) bis (34) durchgeführt worden. Als Abbruchkriterium diente die Bedingung

$$\underline{r}^{(k)T}\underline{\rho}^{(k)}/\underline{r}^{(o)T}\underline{\rho}^{(o)} \leq \varepsilon. \qquad (44)$$

5.1 Potentialproblem im Einheitswürfel, Differenzenmethode

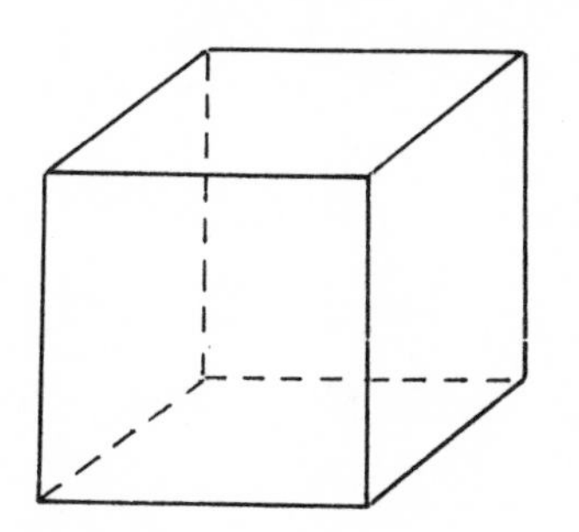

Fig. 3 Würfel W

$\Delta u = 1$ in W

$u = 0$ auf ∂W

Differenzenapproximation mit 7-Punkte-Operator.

1.Fall: $h = 1/12$, $\varepsilon = 10^{-20}$

$n = 11^3 = 1331$, $N \approx 9000$, $\gamma \approx 7$

$N_H \approx 5200$

a) SSOR-Vorkonditionierung

ω =	0.0	1.0	1.2	1.4	1.6	1.8
It =	30	19	16	16	17	22

b) Partielle Cholesky-Zerlegung

α =	0.0	0.01	0.05	0.10	0.20	0.50
It =	17	18	18	19	20	24

c) Modifizierte partielle Cholesky-Zerlegung

σ =	0.0	0.06	0.08	0.10	0.20
It =	20	16	16	16	18

Der zusätzliche Rechen- und Speicheraufwand der partiellen Zerlegungen ist nicht gerechtfertigt, da die SSOR-Vorkonditionierung die Lösung mit derselben Iterationszahl liefert. Es ist übrigens interessant, dass die Vorkonditionierung mit $\omega = 1.2$ den Rechenaufwand gar nicht wesentlich zu verringern vermag im Vergleich zum normalen cg-Verfahren ($\omega = 0$)!

2.Fall: $h = 1/16, \quad \varepsilon = 10^{-20}$

$n = 15^3 = 3375, \quad N \approx 23\,000, \quad \gamma \approx 7, \quad N_H \approx 13\,200$

a) SSOR-Vorkonditionierung

$\omega =$	0.0	1.0	1.2	1.4	1.6	1.8
It =	43	24	21	19	19	24

b) Partielle Cholesky-Zerlegung

$\alpha =$	0.0	0.01	0.05	0.10	0.20	0.50
It =	22	22	23	24	26	31

c) Modifizierte Cholesky-Zerlegung

$\sigma =$	0.0	0.01	0.05	0.08	0.10	0.15	0.20
It =	24	21	19	19	20	21	23

Die Bemerkungen im 1. Fall behalten ihre Gültigkeit. Der optimale Wert ω steigt erwartungsgemäss an.

5.2 Potentialproblem im Rechteck, Differenzenmethode

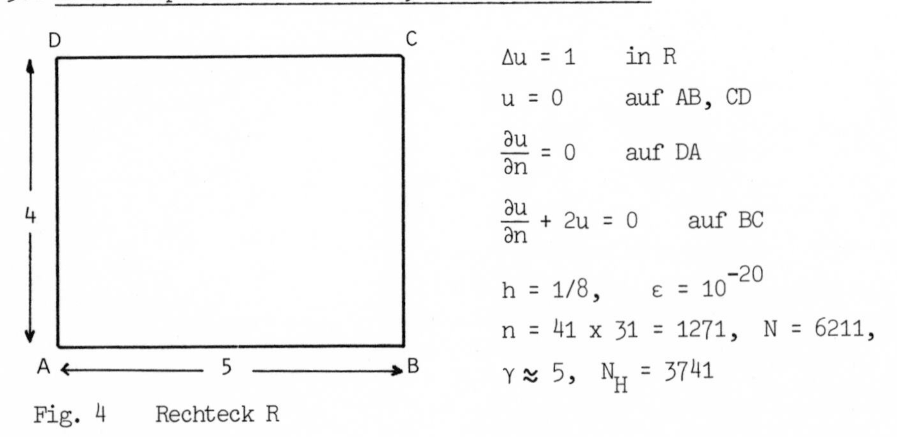

$\Delta u = 1$ in R

$u = 0$ auf AB, CD

$\frac{\partial u}{\partial n} = 0$ auf DA

$\frac{\partial u}{\partial n} + 2u = 0$ auf BC

$h = 1/8, \quad \varepsilon = 10^{-20}$

$n = 41 \times 31 = 1271, \quad N = 6211,$

$\gamma \approx 5, \quad N_H = 3741$

Fig. 4 Rechteck R

a) SSOR-Vorkonditionierung

ω =	0.0	1.0	1.2	1.4	1.6	1.7	1.8	1.9
It =	131	59	50	42	37	36	38	48

b) Partielle Cholesky-Zerlegung

α =	0.0	0.01	0.05	0.10
It =	51	51	54	58

c) Modifizierte partielle Cholesky-Zerlegung

σ =	0.0	0.005	0.010	0.020	0.050
It =	-	34	33	34	39

Im Vergleich zur SSOR-Vorkonditionierung ist die Vorkonditionierung mit der partiellen Cholesky-Zerlegung in keiner Hinsicht konkurrenzfähig, während sich der zusätzliche Aufwand mit der modifizierten partiellen Cholesky-Zerlegung wiederum kaum rechtfertigt.

5.3 Plattenproblem, Differenzenmethode [5]

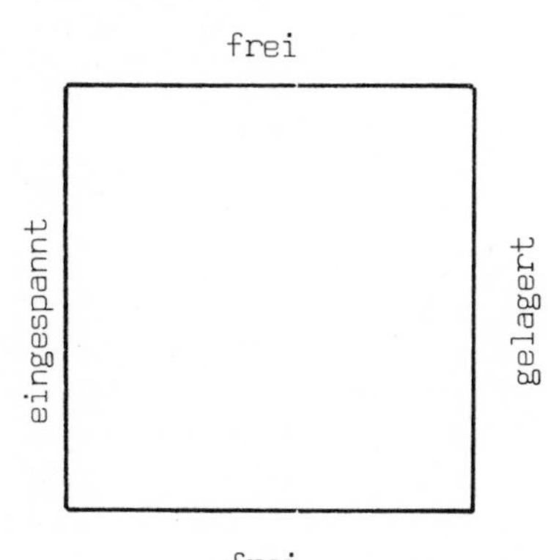

Quadratische Platte der Seitenlänge 2, teilweise gleichmässig belastet.

$\Delta\Delta u = p(x,y)$ in Q

Randbedingungen nach Figur 5.

$h = 1/16 \quad \varepsilon = 10^{-20}$

$n = 1054, \quad N = 12\,940, \quad \gamma \approx 12$

$N_H = 6997$

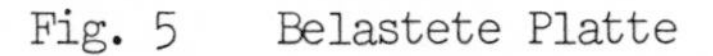

Fig. 5 Belastete Platte

a) SSOR-Vorkonditionierung

ω =	0.0	1.0	1.2	1.4	1.6	1.7	1.75	1.8	1.85
It =	1102	341	290	258	237	235	238	245	259

b) Partielle Cholesky-Zerlegung

α =	0.03	0.04	0.10	0.20
It =	129	127	190	267

c) Modifzierte partielle Cholesky-Zerlegung

σ =	0.004	0.005	0.010	0.025
It =	107	107	115	140

Bringt hier die SSOR-Vorkonditionierung bei optimalem $\omega = 1.7$ gegenüber dem normalen cg-Algorithmus für $\omega = 0$ bereits eine wesentliche Reduktion der Iterationsschritte, so ist die vorkonditionierte Methode mit der modifzierten partiellen Cholesky-Zerlegung eindeutig überlegen.

5.4 Potentialproblem, finite Elemente

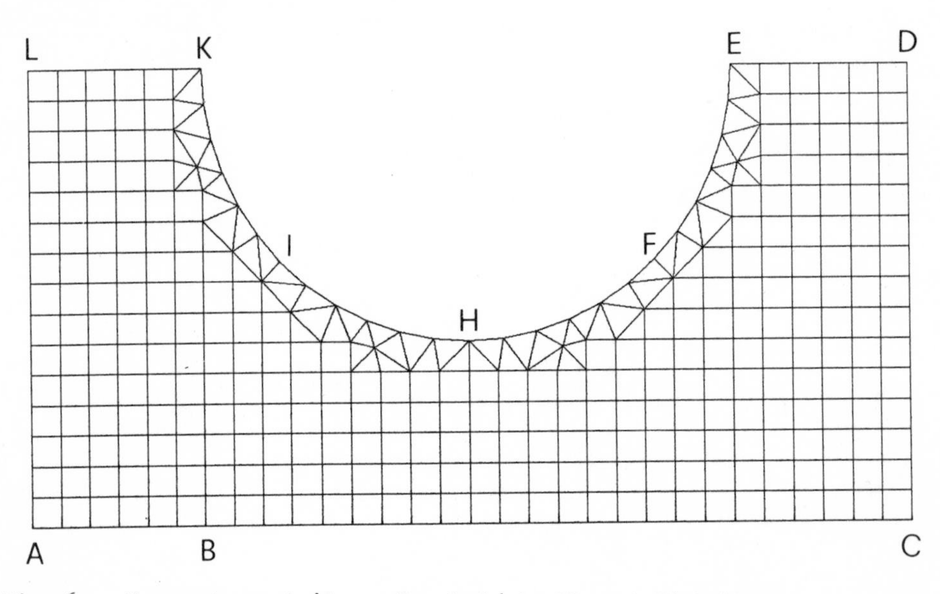

Fig. 6 Temperaturverteilung, Grundgebiet, Element-Einteilung

Das Grundgebiet G ist in Figur 6 dargestellt.

$\Delta u = -20$ in G

$u = 0$ auf AB

$\frac{\partial u}{\partial n} = 0$ auf BC, CD, DE, KL, LA

$$\frac{\partial u}{\partial n} + 2u = 0 \qquad \text{auf EFHIK}$$

Behandlung der Aufgabe mit finiten Elementen bei Zugrundelegung der Einteilung von Figur 6.

1. Fall: Quadratische Ansätze in Dreiecken, quadratische Ansätze der Serendipity-Klasse in Rechtecken (8-Knoten-Element)[19].

$$n = 1093, \qquad \varepsilon = 10^{-20}$$

a) SSOR-Vorkonditionierung

ω =	0.0	1.0	1.2	1.4	1.5	1.6	1.7	1.8	1.9
It =	255	73	62	55	52	53	56	64	82

b) Partielle Cholesky-Zerlegung

α =	0.0	0.025	0.050	0.100
It =	39	44	47	55

c) Modifzierte partielle Cholesky-Zerlegung

σ =	0.005	0.008	0.010	0.020	0.050
It =	29	30	30	34	43

Die Vorkonditionierung mit der modifzierten partiellen Cholesky-Zerlegung zeigt eindeutig das beste Konvergenzverhalten.

2. Fall: Reduzierte kubische Ansätze in Dreiecken (9-Parameter-Element nach Zienkiewicz) und kubische Ansätze der Serendipity-Klasse(12-Parameter-Element) [19].

$$n = 1107, \qquad N = 26\,577, \qquad \varepsilon = 10^{-20}$$
$$N_H = 13\,842$$

a) SSOR-Vorkonditionierung

ω =	0.0	1.0	1.1	1.2	1.3	1.4	1.5	1.6	1.8
It =	103	40	38	36	35	36	37	40	52

b) Partielle Cholesky-Zerlegung

α =	0.0	0.05	0.10	0.20
It =	26	29	32	37

c) Modifizierte partielle Cholesky-Zerlegung

σ =	0.05	0.08	0.10	0.20
It =	-	27	28	34

Im Vergleich zum ersten Fall besitzen die linearen Gleichungssysteme von vergleichbarer Ordnung eine bessere Kondition. Mit einem optimalen $\omega \in [1.2, 1.4]$ ist die Konvergenz im Fall der SSOR-Vorkonditionierung bereits so gut, dass sich der zusätzliche Rechen- und vor allem Speicheraufwand einer partiellen Cholesky-Zerlegung kaum rechtfertigt.

5.5 Plattenproblem, Methode der finiten Elemente

Die quadratische Platte nach Figur 5 wird in 16x16 = 256 Quadratelemente eingeteilt, und die nichtkonformen kubischen Ansätze verwendet (12-Parameter-Element der Serendipity-Klasse)[19].

$$n = 867, \quad N = 21609, \quad \varepsilon = 10^{-20}$$
$$N_H = 11238$$

a) SSOR-Vorkonditionierung

ω =	0.0	1.0	1.1	1.2	1.3	1.4
It =	385	172	169	172	179	189

b) Partielle Cholesky-Zerlegung

α =	0.02	0.025	0.030	0.050
It =	54	54	57	68

c) Modifizierte partielle Cholesky-Zerlegung

σ =	0.0	0.01	0.02	0.05
It =	69	73	75	86

Hier erweist sich die Vorkonditionierung mit der partiellen Cholesky-Zerlegung eindeutig am günstigsten. Allerdings fällt der zusätzlich benötigte Speicherplatz ins Gewicht.

Qualitativ dasselbe Bild ergibt sich, falls die Plattenaufgabe mit nichtkonformen Dreieckelementen (n = 867) oder mit konformen bikubischen Rechteckelementen (n = 1156, N = 38416) behandelt wird.

5.6 Scheibenproblem, Methode der finiten Elemente

Wir betrachten einen Schraubenschlüssel nach Figur 7 mit der eingezeichneten Triangulierung. Der Schraubenschlüssel werde an einer Schraube angesetzt und unterliege einer Belastung am Griff in seiner Ebene. Zur Behandlung der Aufgabe werden quadratische Ansätze verwendet(6 Knoten, 12-Parameter-Elemente) [19].

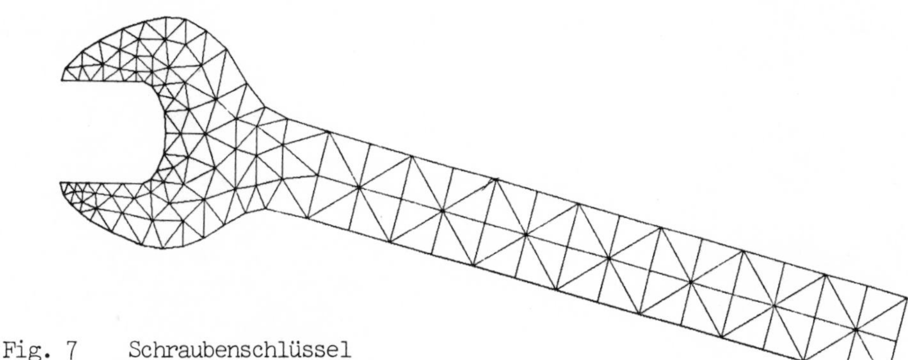

Fig. 7 Schraubenschlüssel mit Triangulierung

$n = 930, \quad \varepsilon = 10^{-20}$

a) SSOR-Vorkonditionierung

ω =	0.0	1.0	1.2	1.3	1.4	1.6
It =	479	168	155	150	153	170

b) Partielle Cholesky-Zerlegung

α =	0.0	0.01	0.10
It =	**98**	101	126

c) Modifizierte partielle Cholesky-Zerlegung

σ =	0.0	0.04	0.06	0.08	0.10
It =	-	114	116	122	127

Die Vorkonditionierung mit der partiellen Cholesky-Zerlegung ist am effizientesten.

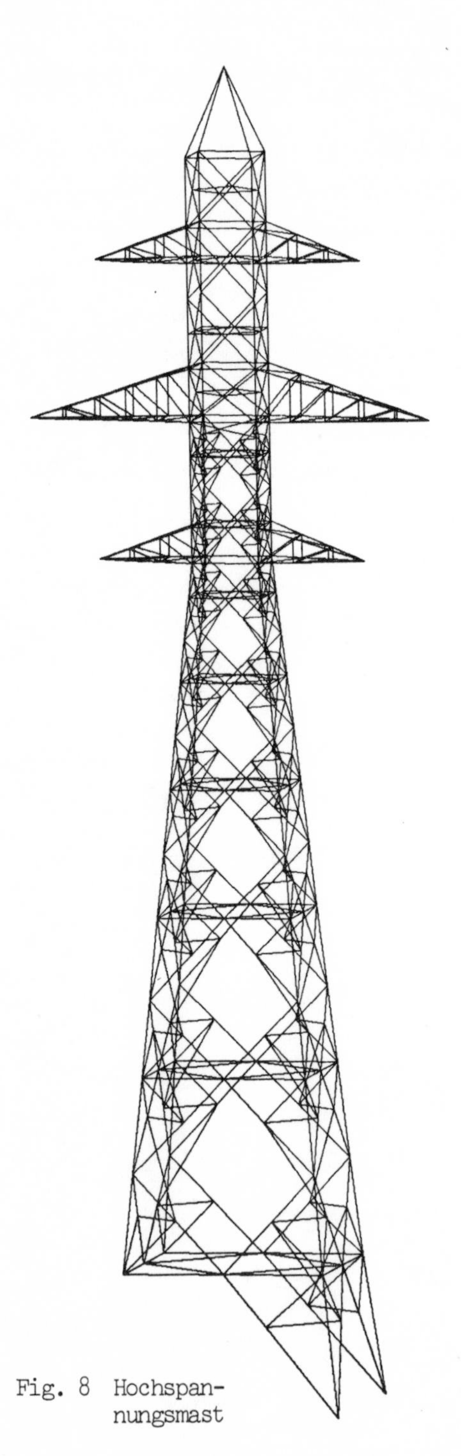

Fig. 8 Hochspannungsmast

5.7 Fachwerkkonstruktion, Methode der finiten Elemente

Wir betrachten einen Hochspannungsmast nach Figur 8, entworfen nach einem konkreten Masten in den Bergen. Er besitzt 333 Knotenpunkte und besteht aus 1014 Stabelementen. An seinen vier Fusspunkten ist der Mast gelagert. Er wird durch Kräfte belastet, die einmal an den sechs Endpunkten der drei Ausleger angreifen (Isolatoren und daran befestigte Kabel) und die ferner an seiner Spitze angreifen, verursacht durch das dort verlaufende Erdungsseil. Vereinfachend werde angenommen, der Querschnitt der Stäbe sei konstant $A = 10\ cm^2$, und der Elastizitätsmodul sei $E = 2 \cdot 10^7\ Ncm^{-2}$. Die Höhe des Mastes vom tiefsten Fusspunkt bis zur Spitze betrage 38 m.

Die Ordnung des Gleichungssystems ist n = 999. Die Zahl der von Null verschiedenen Matrixelemente von $\underline{A}$ in und unterhalb der Diagonale ist $N_A = 11124 = N_H$. Das Profil der Matrix $\underline{A}$ beträgt zum Vergleich 42552. Ausnahmsweise war hier $\varepsilon = 10^{-12}$.

a) SSOR-Vorkonditionierung

ω =	0.0	0.9	1.0	1.1	1.2	1.3	1.4
It =	>1000	461	449	447	453	469	498

b) Partielle Cholesky-Zerlegung

α =	0.0	0.010	0.025	0.050
It =	165	179	200	224

c) Modifzierte partielle Cholesky-Zerlegung

σ =	0.06	0.08	0.10	0.12	0.15
It =	-	325	315	312	326

Die Matrix $\underline{A}$ ist in diesem Beispiel sehr schlecht konditioniert, was man daran erkennt, dass die Anzahl der erforderlichen Iterationsschritte im Fall des normalen cg-Algorithmus für die skalierte Matrix mehr als n beträgt. Die partielle Cholesky-Zerlegung zur Konditionierung von $\underline{A}$ zeigt die beste Wirkung.

6. Schlussbemerkungen

Die experimentellen Ergebnisse zeigen, dass die betrachteten Vorkonditionierungsmethoden mit unterschiedlichem Erfolg in den verschiedenen Anwendungsgebieten arbeiten. Rechtfertigt sich in einigen Fällen der Rechen- und Speicheraufwand einer partiellen Cholesky-Zerlegung gar nicht, so wird die Konvergenzgüte in andern Fällen bei Vorkonditionierung mit Hilfe einer partiellen Cholesky-Zerlegung entscheidend verbessert. Die Resultate scheinen darauf hinzudeuten, dass die modifizierte partielle Cholesky-Zerlegung im Fall von Differenzengleichungen die grösste Konvergenzverbesserung erzielt, während die partielle Cholesky-Zerlegung bei Gleichungen aus der Methode der finiten Elemente die überlegene Vorkonditionierung ist.

LITERATUR

[1] Axelsson, O.: A generalized SSOR method. BIT 13(1972) 443-467.

[2] Axelsson, O.: A class of iterative methods for finite element equations. Comp. Meth. in Appl. Mech. Eng. 9(1976) 123-137.

[3] Axelsson, O.: Solution of linear systems of equations: Iterative methods. Sparse Matrix Techniques, Copenhagen 1976. Berlin-Heidelberg-New York 1977. Lecture Notes in Mathematics 572.

[4] Dupont, T.; Kendall, M.R.P.; Rachford H.H.: An approximate factorization procedure for solving self-adjoint elliptic difference equations. SIAM J. Num. Anal. 5 (1968) 559-573.

[5] Engeli, M.; Ginsburg, Th.; Rutishauser, H.; Stiefel, E.: Refined iterative methods for the computation of the solution and the eigenvalues of selfadjoint boundary value problems. Basel-Stuttgart 1959. Mitt. Inst. f. angew. Math. ETH Zürich, Nr. 8.

[6] Evans, D.J.: The use of preconditioning in iterative methods for solving linear equations with symmetric positive definite matrices. J. Inst. Maths. Applics. 4(1968) 295-314.

[7] Evans, D. J.: The analysis and application of sparse matrix algorithmus in the finite element method. In Whiteman, J.R.(ed.): The mathematics of finite elements and applications. 1973, Academic Press, London.

[8] Gustafsson, I.: Stability and rate of convergence of modified incomplete Cholesky factorization methods. Research Report 79.02 R(1979), Chalmers University of Technology, Göteborg, Schweden.

[9] Gustafsson, I.: On modified incomplete Cholesky factorization methods for the solution of problems with mixed boundary conditions and problems with discontinous material coefficients. Int. J. Num. Meth. Engin.(1980) (to appear).

[10] Hestenes, M.; Stiefel, E.: Methods of conjugate gradients for solving linear systems. J. Res. Nat. Bur. Standards 49(1952) 409-436.

[11] Jennings, A.; Malik, G.M.: Partial elimination. J. Inst. Math. Appl. 20 (1977) 307-316.

[12] Jennings, A.; Malik, G.M.: The solution of sparse linear equations by the conjugate gradient method. Int. J. Num. Meth. Eng. 12(1978) 141-158.

[13] Kershaw, D.S.: The incomplete Cholesky-conjugate gradient method for the iterative solution of systems of linear equations. J. Comp. Physics 24 (1978) 43-65.

[14] Manteuffel, T.A.: Shifted incomplete Cholesky-factorization. In: Duff, I. S.; Stewart, G.W.: Sparse Matrix Proceedings 1978, SIAM, Philadelphia 1979, p. 41-61.

[15] Meijerink, J.A.; van der Vorst., H. A.: An iterative solution method for linear systems of which the coefficient matrix is a symmetric M-matrix.

Math. of Comp. 31(1977) 148-162.

[16] Meijerink, J.A.; van der Vorst, H.A.: Guide lines for the usage of incomplete decompositions in solving sets of linear equations as occur in practical problems. Technical Report, TR-9, ACCU, Utrecht, The Netherlands, 1978.

[17] Schwarz, H.R.; Rutishauser, H.; Stiefel, E.: Numerik symmetrischer Matrizen, 2. Auflage 1972, Teubner Stuttgart.

[18] Schwarz, H.R.: The method of conjugate gradients in finite element applications. ZAMP 30(1979) 342-354.

[19] Schwarz, H.R.: Methode der finiten Elemente. 1980, Teubner Stuttgart.

[20] Stone, H.L.: Iterative solution of implicit approximations of multidimensional partial differential equations. SIAM J. Num. Anal. 5 (1968) 530-558.

[21] Varga, R.S.: Factorization and normalized iterative methods. Boundary Problems in Diff. Equations. (Langer, R.E.(ed.)), University of Wisconsin Press, 1960, 121-142.

Prof. Dr. H.R. Schwarz
Seminar für angew. Mathematik
Universität Zürich
Freiestrasse 36
CH - 8032 Zürich/Schweiz

ZUR EINSCHLIESSUNG VON EIGENWERTEN

Waldemar Velte

In this note we consider a method due to B. KNAUER which yields lower bounds to eigenvalues of symmetric and positive differential operators L with point spectrum. Numerical results are presented for the eigenvalues of rhombical membranes. In addition, the method is extended to eigenvalue problems for differential equations of the more general type $Lu = \lambda Mu$.

1. EINLEITUNG

Ist in einem Hilbertraum E eine Eigenwertaufgabe $Lu = \lambda u$, $u \in D(L) \subset E$ mit symmetrischem und positivem Differentialoperator L gegeben, der ein diskretes Spektrum besitzt, dann liefert das Verfahren von Rayleigh und Ritz als Näherungen für die gesuchten Eigenwerte bekanntlich immer obere Schranken. Die Güte der Approximation läßt sich beurteilen, wenn man zugleich auch untere Schranken angeben kann.

Von B. KNAUER [1] wurde eine Methode vorgeschlagen, die es gestattet, im Anschluß an die Berechnung oberer Schranken nach Rayleigh und Ritz auch noch untere Schranken anzugeben, sofern man über eine zusätzliche Information verfügt, nämlich über eine gute untere Schranke für den Wertebereich des Rayleighschen Quotienten im orthogonalen Komplement des endlichdimensionalen Unterraumes, der für das Verfahren von Rayleigh und Ritz zugrundegelegt wurde.

Der Gedanke, eine solche zusätzliche Information zur Gewinnung unterer Schranken auszunutzen, wurde von verschiedenen Autoren herangezogen, so etwa von F. KOEHLER [2], H.F. WEINBERGER [3] und N.J. LEHMANN [4]. Die Variante von KNAUER zeichnet sich dadurch aus, daß sie algorithmisch besonders einfach ist.

Die vorliegende Note verfolgt zwei Ziele: Zum einen sollen die Vorzüge der wenig bekannt gewordenen Methode von KNAUER an weiteren numerischen Beispielen verdeutlicht werden. Zum anderen soll gezeigt werden, wie sich die Methode auch auf allgemeinere Eigenwertaufgaben für Differentialgleichungen der Gestalt $Lu = \lambda Mu$ übertragen läßt.

Im Vergleich zu anderen Verfahren läßt sich wohl sagen, daß die Methode von KNAUER bezüglich des Aufwandes und der Effektivität etwa auf einer Linie mit dem Verfahren von LEHMANN-MAEHLY liegt (siehe etwa [5]), das in jüngster Zeit von F. GOERISCH [6], [7] noch weiter entwickelt worden ist.

Die bei KNAUER benötigte zusätzliche Information über den Wertebereich des Rayleighschen Quotienten kann häufig über Vergleichsprobleme gewonnen werden. In dieser Hinsicht ist die Ausgangssituation verwandt mit der Ausgangssituation bei der Methode der intermediären Eigenwertprobleme nach A. WEINSTEIN [9], für die man ein explizit lösbares "Basisproblem" benötigt. Auf der Kenntnis eines solchen Basisproblems beruhen auch die unter den Namen "Special choise" und "Truncation" bekannt gewordenen Methoden von BAZLEY und FOX einerseits und von WEINBERGER andererseits. (Siehe etwa [8], [9].)

In anderer Hinsicht weist die Methode von KNAUER eine Parallele zu der von G. FICHERA entwickelten und auf zahlreiche spezielle Eigenwertaufgaben mit Erfolg angewandten Methode der orthogonalen Invarianten auf. (Sehr vollständige Literaturangaben findet man in [10].) Auch bei dieser Methode müssen zuerst obere Schranken nach Rayleigh und Ritz ausgerechnet werden. Untere Schranken ergeben sich dann aus zusätzlichen Informationen, nämlich der Kenntnis (oder zumindest guten Approximation) gewisser Invarianten des zugehörigen Integraloperators. Mit der Methode der orthogonalen Invarianten sind hervorragende numerische Resultate erzielt worden, allerdings in der Regel mit großem numerischen Aufwand.

Im Vergleich mit den genannten Methoden zeichnet sich die Methode von KNAUER dadurch aus, daß sie mit vergleichsweise geringem Aufwand untere Schranken liefern kann, deren Genauigkeit bei praktischen Anwendungen häufig ausreichend sein dürfte.

2. EIGENWERTSCHRANKEN BEI GLEICHUNGEN $Lu = \lambda Mu$

In einem reellen Hilbertraum E, (,), $\| \ \|$ seien zwei lineare Operatoren $L : D(L) \to E$ und $M : D(M) \to E$ gegeben mit $D(L) \subset D(M) \subset E$. Beide seien in ihren Definitionsbereichen symmetrisch und positiv. Insbesondere sei also

$$(Mu,v) = (u, Mv) \qquad \forall u,v \in D(M)$$

$$(Mu,u) > 0 \qquad \forall u \in D(M), u \neq 0 .$$

Man kann dann in D(M) durch

$$(1) \qquad (u, v)_M = (Mu, u) \quad , \quad \|u\|_M = (Mu,u)^{1/2}$$

ein inneres Produkt und eine Norm einführen.

Wir betrachten nun die Eigenwertgleichung

$$(2) \qquad Lu = \lambda Mu \quad , \quad u \in D(L) \quad ,$$

von der wir voraussetzen, daß sie unendlich viele Eigenwerte λ_k besitzt:

$$0 < \lambda_1 \leq \lambda_2 \leq \dots \quad , \quad \lambda_k \to \infty \text{ für } k \to \infty .$$

Außerdem sei das bezüglich $(\ , \ )_M$ orthonormierte System $\{u_k\}$ zugehöriger Eigenfunktionen in dem linearen Raum D(M) vollständig bezüglich der Norm $\| \ \|_M$. (Die Hilbertraumtheorie solcher Eigenwertaufgaben, Existenzsätze usw. findet man etwa bei K. REKTORYS [11].)

Für eine solche Eigenwertaufgabe gelten dann die bekannten Charakterisierungen der Eigenwerte, nämlich das Minimum-Maximum-Prinzip von Fischer-Pólya einerseits, sowie das Maximum-Minimum-Prinzip von Courant-Fischer-Weyl andererseits, auf das wir im folgenden zurückgreifen werden. Mit Hilfe des Rayleighschen Quotienten

$$R(u) = (Lu, u)/(Mu, u)$$

kann es wie folgt formuliert werden:

Maximum-Minimum-Prinzip: Es ist

$$\lambda_1 = \min_u \{R(u) \mid u \in D(L) \ , \ u \neq 0 \} \ .$$

Für $k > 1$ ist

$$\lambda_k = \sup_{v_j} \inf_u \left\{ R(u) \ \middle| \ \begin{array}{l} u \in D(L) \ , \ u \neq 0 \\ (u, \ v_j)_M = 0 \ \text{ für } j = 1, \ldots, k-1 \end{array} \right\} .$$

Das Supremum ist dabei über alle Systeme von $k-1$ Funktionen $v_j \in D(M)$ zu bilden.

Zunächst sei kurz in Erinnerung gebracht, worin das Verfahren von Rayleigh und Ritz zur genäherten Berechnung von Lösungen der Eigenwertgleichung (2) besteht.

Man wählt einen n-dimensionalen Unterraum $U_n \subset D(L)$ in der Weise, daß man sich eine Basis von sogenannten Koordinatenfunktionen $\varphi_1, \varphi_2, \ldots, \varphi_n$ in U_n vorgibt. Wir wollen voraussetzen, daß diese Basis bezüglich $(\ , \ )_M$ bereits orthonormiert sei. Die Näherungslösungen nach Rayleigh und Ritz werden als Lösungen $u \in U_n, \Lambda \in \mathbb{R}$ der Variationsgleichung

$$(3) \qquad (Lu - \Lambda Mu \ , v) = 0 \qquad \forall v \in U_n$$

berechnet. Mit der Basisdarstellung $u = \xi_1\varphi_1 + \ldots + \xi_n\varphi_n$ geht (3) über in die äquivalente algebraische Eigenwertaufgabe

$$Ax = \Lambda x$$

mit $x^T = (\xi_1, \ldots, \xi_n)$, $A = (a_{jk})$, $a_{jk} = (L\varphi_j, \varphi_k)$.

Für das Weitere wird nun benötigt, daß man die vollständige Eigenwertaufgabe löst, d.h. daß man nicht nur die Eigenwerte $\Lambda_1^{(n)} \leq \ldots \leq \Lambda_n^{(n)}$ berechnet sondern zusätzlich auch ein bezüglich des inneren Produktes

$$x^T y = \sum_{j=1}^{n} \xi_j \eta_j$$

orthonormiertes System $\{x_k^{(n)}\}$ von Eigenvektoren. Die zugehörigen Lösungen $u_k^{(n)}$, die sich aus der Basisdarstellung ergeben, bilden dann ein Orthonormalsystem bezüglich des inneren Produktes $(\ ,\ )_M$.

Aus (3) folgt $\Lambda_k^{(n)} = R(u_k^{(n)})$. Außerdem gelten die Ungleichungen von Poincaré:

$$\lambda_k \leq \Lambda_k^{(n)} \qquad (k = 1,\dots,n) \quad .$$

Zu unteren Schranken gelangt man, wenn man über zusätzliche Informationen folgender Art verfügt: Es seien positive Konstanten α_{n+1} und r_j $(j=1,\dots,n)$ bekannt mit

$$(4) \qquad \alpha_{n+1} \leq (Lw,w) \quad , \quad |(Lu_j^{(n)},w)| \leq r_j$$

für alle $w \in D(L)$ mit $\|w\|_M = 1$, $(w,u_k^{(n)})_M = 0$ $(k=1,\dots,n)$.

Die Frage, wie man solche Abschätzungen erhalten kann, wird noch erörtert werden. Hat man Abschätzungen (4) zur Verfügung, dann folgt ganz analog wie bei KNAUER [1] das

Theorem: Man berechne für $k = 1,\dots,n$ jeweils den kleinsten Eigenwert $\nu_k^{(n)}$ der Matrix

$$A_k^{(n)} = \left(\begin{array}{cccc|c} \Lambda_k^{(n)} & & & 0 & r_k \\ & \Lambda_{k+1}^{(n)} & & & r_{k+1} \\ & & \ddots & & \vdots \\ 0 & & & \Lambda_n^{(n)} & r_n \\ \hline r_k & r_{k+1} & \cdots & r_n & \alpha_{n+1} \end{array}\right) \quad .$$

Dann ist $\qquad \nu_k^{(n)} \leq \lambda_k \leq \Lambda_k^{(n)} \quad .$

Beweis. Wie in [1] wird das System $\{u_k^{(n)}\}$ der Ritznäherungen als Basis in U_n benutzt, die aber diesmal bezüglich $(\ ,\ )_M$ orthonormiert ist. Jede Funktion $u \in D(L)$ kann dann in der Gestalt

(5) $$u = \sum_{j=1}^{n} c_j \, u_j^{(n)} + c_{n+1} w$$

geschrieben werden, wobei w eine durch $\|w\|_M = 1$ normierte Funktion ist, die zu allen $u_j^{(n)}$ orthogonal ist:

(6) $$(u_j^{(n)}, w)_M = 0 \qquad (j = 1, \ldots, n) \quad .$$

Wendet man die Darstellung (5) zunächst auf die Eigenfunktion u_1 zum Eigenwert λ_1 an, dann erhält man

$$\lambda_1 = R(u_1) = \frac{\sum_{j=1}^{n} \Lambda_j^{(n)} c_j^2 + 2c_{n+1} \sum_{j=1}^{n} (Lu_j^{(n)}, w) c_j + (Lw, w) c_{n+1}^2}{\sum_{j=1}^{n+1} c_j^2} \quad .$$

Aus den Abschätzungen (4) folgt

$$\lambda_1 \geq \min_{c_1, \ldots, c_{n+1}} \frac{\sum_{j=1}^{n} \Lambda_j^{(n)} c_j^2 + 2c_{n+1} \sum_{j=1}^{n} r_j c_j + \alpha_{n+1} c_{n+1}^2}{\sum_{j=1}^{n+1} c_j^2} \quad .$$

Das Minimum ist zugleich der kleinste Eigenwert der Matrix

$$A_1^{(n)} = \left(\begin{array}{cccc|c} \Lambda_1^{(n)} & & 0 & & r_1 \\ & \Lambda_2^{(n)} & & & r_2 \\ & & \ddots & & \vdots \\ 0 & & & \Lambda_n^{(n)} & r_n \\ \hline r_1 & r_2 & \cdots & r_n & \alpha_{n+1} \end{array} \right) ,$$

die also bis auf die letzte Zeile und Spalte eine Diagonalmatrix ist. Um Eigenwerte λ_k mit $k > 1$ nach unten abzuschätzen, wird zunächst das Maximum-Minimum-Prinzip herangezogen. Mit der speziellen Wahl $v_j = u_j^{(n)}$ erhält man

$$\lambda_k \geq \inf_u \left\{ R(u) \;\middle|\; \begin{array}{ll} u \in D(L)\ , \ u \neq 0 & \\ (u, u_j^{(n)})_M = 0 & (j = 1,\ldots,k-1) \end{array} \right\} .$$

Die zulässigen Funktionen u lassen sich wieder in der Gestalt (5) schreiben, wobei aber diesmal

$$c_j = (u, u_j^{(n)})_M = 0 \qquad (j = 1,\ldots,k-1)$$

ist. Man erhält daher

$$\lambda_R \geq \min_{c_k,\ldots,c_{n+1}} \frac{\sum\limits_{j=k}^{n} \Lambda_j^{(n)} c_j^2 + 2c_{n+1} \sum\limits_{j=k}^{n} r_j c_j + \alpha_{n+1} c_{n+1}^2}{\sum\limits_{j=k}^{n+1} c_j} .$$

Das Minimum ist aber zugleich der kleinste Eigenwert der Matrix $A_k^{(n)}$.

Wir wollen uns nun der Frage zuwenden, wie man die benötigten Abschätzungen

$$|(L u_j^{(n)}, w)| \leq r_j$$

erhalten kann. Im Folgenden werden zwei Varianten vorgeschlagen.

<u>Variante 1.</u>

Für eine Funktion $w \in D(L)$ mit $\|w\|_M = 1$, die den Bedingungen (6) genügt, ergibt sich zunächst

$$\begin{aligned} |(L u_j^{(n)}, w)| &= |(L u_j^{(n)} - \Lambda_j^{(n)} M u_j^{(n)}, w)| \\ &\leq \| L u_j^{(n)} - \Lambda_j^{(n)} M u_j^{(n)}\| \; \|w\| . \end{aligned}$$

Falls man eine Konstante γ_{n+1} angeben kann mit

$$\|w\| \leq \gamma_{n+1} \|w\|_M \quad ,$$

erhält man folgende <u>Abschätzung</u>

(7) $$|(Lu_j^{(n)},w)| \leq r_j \quad \text{mit} \quad r_j = \gamma_{n+1} \| Lu_j^{(n)} - \Lambda_j^{(n)} Mu_j^{(n)} \| .$$

Der Faktor $\Lambda_j^{(n)}$ ist übrigens nicht optimal. Der optimale Faktor ergibt sich, indem man das Quadrat der Fehlernorm minimiert, zu

$$\Lambda_j^* = (Lu_j^{(n)}, Mu_j^{(n)}) / (Mu_j^{(n)}, Mu_j^{(n)}) .$$

Im Sonderfall der Eigenwertgleichung

(8) $$Lu = \lambda u , \qquad u \in D(L)$$

ist $(u, v)_M = (u, v)$ und $\|u\|_M = \|u\|$, so daß die Abschätzung dann mit $\gamma_{n+1} = 1$ gültig ist.

Für Eigenwertgleichungen (8) wurden in [1] Bedingungen für die aufsteigende Folge von Unterräumen $U_n \subset U_{n+1} \subset \ldots$ angegeben, die hinreichend dafür sind, daß bei festem k

$$|\nu_k^{(n)} - \Lambda_k^{(n)}| \to 0 \qquad \text{für } n \to \infty .$$

Sie lassen sich auf die allgemeine Eigenwertaufgabe (2) übertragen. Wir wollen uns aber hier mit einer heuristischen Bemerkung begnügen:
Wird U_n von den ersten Eigenfunktionen $u_1, \ldots, u_n$ aufgespannt, dann ist $r_1 = \ldots = r_n = 0$. Außerdem ist $\alpha_{n+1} = \lambda_n$ eine zulässige Wahl, und es folgt

$$\nu_k^{(n)} = \lambda_k = \Lambda_k^{(n)} \qquad (k = 1, \ldots, n) .$$

Ist U_n so gewählt, daß die Ritznäherungen $u_j^{(n)}$, $\Lambda_j^{(n)}$ gute Approximationen in dem Sinne sind, daß die r_j klein sind gegen die $\Lambda_j^{(n)}$, dann wird man zumindest für die ersten Eigenwerte, die genügend weit von α_{n+1} entfernt sind, brauchbare Schranken erwarten dürfen. Dies hat sich in der Tat in einer ganzen Reihe durchgerechneter Beispiele bestätigt.

<u>Variante 2</u>

Wenn der Unterraum $U_n \subset D(L)$ für das Verfahren von Rayleigh und Ritz so gewählt wird, daß man zu jedem $u \subset U_n$ auch ein $v \subset D(M)$ angeben kann mit $L u = M v$, dann lassen sich insbesondere auch zu den Ritzschen Näherungslösungen $u_j^{(n)}$ Funktionen $v_j^{(n)}$ angeben mit

$$(9) \qquad L u_j^{(n)} = M v_j^{(n)} \quad .$$

Man kann dann wie folgt abschätzen:

$$(L u_j^{(n)}, w) = (M v_j^{(n)}, w) = (v_j^{(n)} - \Lambda_j^{(n)} u_j^{(n)}, w)_M$$

$$|(L u_j^{(n)}, w)| \leq \|v_j^{(n)} - \Lambda_j^{(n)} u_j^{(n)}\|_M \|w\|_M \quad .$$

Wegen $\|w\|_M = 1$ erhält man also die <u>Abschätzung</u>

$$(10) \qquad |(L u_j^{(n)}, w)| \leq r_j \quad , \quad r_j = \|v_j^{(n)} - \Lambda_j^{(n)} u_j^{(n)}\|_M \, .$$

Die Faktoren $\Lambda_j^{(n)}$ sind optimal.

Bei dieser Art der Abschätzung treten Größen auf, die man von dem bekannten Einschließungssatz von Kryloff und Bogoliubov her kennt. (Siehe etwa COLLATZ [11], S. 196.) Der Einschließungssatz kann mit der oben benutzten Notation wie folgt formuliert werden:

Seien $u \in D(L)$ und $v \in D(M)$ gegeben mit $L u = M v$. Dabei sei u normiert durch $\|u\|_M = 1$. Man setze $\rho = (L u, u)$, $\mu = (L u, v)/\rho$. Dann gilt für mindestens einen Eigenwert λ_j die Einschließung

$$(11) \qquad |\lambda_j - \rho| \leq \|v - \rho u\|_M = \sqrt{\mu \rho - \rho^2} \quad .$$

Wendet man den Einschließungssatz auf ein Funktionenpaar (9) an, dann erhält man als Schranke in (11) gerade die Größe r_j.

Eigenwertaufgaben in schwacher Form. Die Variante 2 läßt sich auch auf Eigenwertaufgaben mit Punktspektrum anwenden, die in Form einer Variationsgleichung

$$(12) \qquad a(u,\varphi) = \lambda\, b(u,\varphi) \qquad \forall \varphi \in D_a$$

gegeben sind, wobei $a(\ ,\ )$ und $b(\ ,\ )$ symmetrische und positive Bilinearformen sind, die für Paare $u, v \in D_a$ bzw. $u, v \in D_b$ mit $D_a \subset D_b \subset E$ definiert seien. Man hat lediglich überall (Lu, v) durch $a(u, v)$ und (Mu, v) durch $b(u, v)$ zu ersetzen. An die Stelle der Gleichung $Lu = Mv$ tritt die Variationsgleichung

$$a(u,\varphi) = b(v,\varphi) \qquad \forall \varphi \in D_a \quad .$$

Das Theorem bleibt dann wörtlich gültig mit

$$r_j = \| v_j^{(n)} - \Lambda_j^{(n)} u_j^{(n)} \|_b \quad , \quad \frac{a(w, w)}{b(w, w)} \geq \alpha_{n+1} \quad .$$

3. NUMERISCHE RESULTATE

Von KNAUER [1] wurden numerische Resultate mit seiner Methode für folgende Beispiele angegeben, die auch von weiteren Autoren mit ihren Methoden behandelt worden sind ([8], [9], [10]):

(a) Eingespannte quadratische Platte (Seitenlänge π)

$$\Delta\Delta u = \lambda u \text{ in } G \ , \ u = \partial u/\partial n = 0 \text{ auf } \partial G \ .$$

(b) Eigenwertaufgabe für eine gewöhnliche Differentialgleichung

$$((1 + x)u'')'' = \lambda u \ , \quad u(0) = u''(0) = u(\pi) = u''(\pi) = 0 \quad .$$

Im folgenden werden numerische Resultate für eine schwingende rhombische Membran mit Seitenlänge π und Winkel $\theta = 15^o$ (siehe Figur) mitgeteilt und mit numerischen Resultaten von STADTER [13] sowie von KUTTLER und SIGILLITO [14] verglichen.

Das Eigenwertproblem lautet zunächst für das rhombische Gebiet G

$$-\Delta u = \lambda u \text{ in } G\,,\; u = 0 \text{ auf } \partial G\,.$$

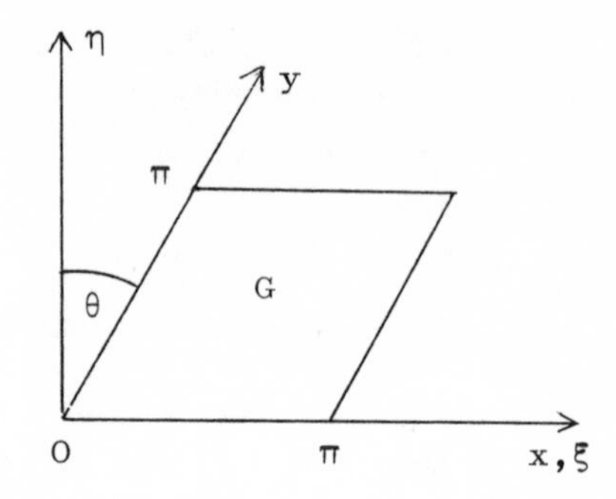

Nach Transformation auf das schiefwinklige x,y-Koordinatensystem geht sie über in

$$-\frac{1}{\cos^2\theta}(u_{xx}+u_{yy})+\frac{\sin\theta}{\cos^2\theta}u_{xy}=\lambda u \text{ in } \Omega\,,\quad u=0 \text{ auf } \partial\Omega$$

mit

$$\Omega : 0 < x < \pi\,,\quad 0 < y < \pi\,.$$

Verwendet man als Basisfunktionen in U_n die Eigenfunktionen $u_{kl}(x,y) = \sin kx \sin ly$ der Eigenwertaufgabe

$$-\Delta u = \lambda u \text{ in } \Omega\,,\quad u = 0 \text{ auf } \partial\Omega\,,$$

wobei man sich auf Eigenfunktionen zu Eigenwerten $\mu_{kl} = k^2 + l^2 < N$ beschränkt, dann findet man für Funktionen w aus dem orthogonalen Komplement von U_n die Abschätzung

$$R(w) = \frac{1}{\cos^2\theta}\int_\Omega (w_x^2 + w_y^2 - 2\sin\theta\, w_x w_y)\,dx\,dy \Big/ \int_\Omega w^2 dx\,dy \geq \frac{1-\sin\theta}{\cos^2\theta} N\,.$$

Im folgenden ist $N = 100$ zugrundegelegt. Außerdem wurde U_n in vier orthogonale Unterräume V_{11}, V_{22}, V_{12} und V_{21} zerlegt, die folgenden vier Symmetrieklassen entsprechen:

Index 1 steht für gerade Symmetrie, Index 2 für ungerade Symmetrie. Der erste Index bezieht sich auf Spiegelung an der Diagonalen $y = x$, der zweite Index auf Spiegelung an der Diagonalen $y = \pi - x$. Die vier Unterräume haben die Dimensionen 20, 13, 17 und 17.

Symmetrieklasse V_{11} ($\theta = 15^{o}$)

k	Schranken für λ_k untere	obere	r_k
1	2.1136	2.1147	0.2444
2	7.9977	8.0110	0.8230
3	11.017	11.036	0.9079
4	17.057	17.133	1.7084
5	22.349	22.533	2.3943
6	27.782	27.923	1.6371
7	29.212	29.659	3.1130
8	36.183	37.902	4.2430
9	39.816	43.647	4.1232
10	41.274	45.661	5.3778

k	Schranken nach STADTER [13] untere	obere
1	2.1137	2.1163
2	7.9960	8.0286
3	11.018	11.072
4	17.036	17.225
5	22.357	22.766
6	27.846	28.035
7	29.240	30.058
8	37.282	38.842
9	42.747	44.728
10	44.572	49.894

Schranken nach KUTTLER und SIGILLITO [14] (umgerechnet von Seitenlänge 1 auf Seitenlänge π):

k	untere	obere
1	2.1141	2.1154
2	8.0067	8.0116
3	11.025	11.041

Symmetrieklasse V_{22} ($\theta = 15^{o}$)

k	Schranken für λ_k untere	obere	r_k
1	10.530	10.540	0.7159
2	20.581	20.662	1.8754
3	27.751	27.817	1.4822
4	33.988	34.465	3.5407
5	41.686	42.753	4.0538
6	47.554	51.784	5.9733
7	50.847	53.803	3.3857
8	52.579	62.369	8.0640

Symmetrieklasse V_{12} $(\theta = 15^o)$

k	Schranken für λ_k untere	obere	r_k
1	4.8820	4.8847	0.3934
2	12.182	12.213	1.2087
3	18.074	18.101	1.0374
4	22.793	22.939	2.2599
5	30.328	30.619	2.6340
6	36.048	36.975	3.8341
7	39.309	39.690	1.9919
8	43.094	47.049	5.0955

Symmetrieklasse V_{21} $(\theta = 15^o)$

k	Schranken für λ_k untere	obere	r_k
1	5.6805	5.6858	0.5506
2	14.537	14.585	1.487
3	18.432	18.467	1.199
4	26.704	26.967	2.816
5	31.840	32.266	3.191
6	39.256	39.670	1.867
7	40.929	42.748	4.454
8	45.396	50.609	6.011

Die unteren Schranken wurden nach unten gerundet, die oberen Schranken (Ritznäherungen) nach oben.

Die numerischen Rechnungen wurden im Rechenzentrum der Universität Würzburg auf einer TR 440 ausgeführt. Herrn Dr. W. HOCK danke ich für seine freundliche Unterstützung.

Numerische Resultate für Beispiele von Eigenwertgleichungen der Gestalt (2) sollen an anderer Stelle publiziert werden.

LITERATUR

[1] Knauer, B.: Untere Schranken für die Eigenwerte selbstadjungierter positiv-definiter Operatoren. Numer.Math. 17 (1971) 166-171.

[2] Koehler, F.: Estimates for the eigenvalues of infinite matrices. Pacific H.of Math. 7 (1957) 1391-1404.

[3] Weinberger, H.F.: A theory of lower bounds for eigenvalues. University of Maryland, Technical Note BN-183 (1959).

[4] Lehmann, N.J.: Aids to the optimal bounding of eigenvalues. A corollary to the Rayleigh-Ritz method. Zh.vychisl.Mat.mat.Fiz. 11 (1971) 1374-1389. (Übers.: USSR Comput.Math.and Math. Phys.)

[5] Maehly, H.J.: Ein neues Variationsverfahren zur genäherten Berechnung der Eigenwerte hermitescher Operatoren. Helvetica Physica Acta 25 (1952) 547-568.

[6] Goerisch, F.: Weiterentwicklung von Verfahren zur Berechnung von Eigenwertschranken. Dissertation, Techn. Universität Clausthal 1978.

[7] Goerisch, F.: Eine Verallgemeinerung eines Verfahrens von N.J.Lehmann zur Einschließung von Eigenwerten. Vortrag beim Internat. Kolloquium "Aktuelle Probleme der Rechentechnik" an der Techn. Universität Dresden, Februar 1979. Erscheint in: Wissenschaftliche Zeitschrift der Techn. Universität Dresden.

[8] Weinstein, A. and Stenger, W.: Methods of intermediate problems for Eigenvalues. Academic Press, New York-London 1972.

[9] Fox, D.W., Rheinboldt, W.C.: Computational methods for determining lower bounds for eigenvalues of operators in Hilbert space. SIAM Review 8 (1966) 427-462.

[10] Fichera, G.: Numerical and quantitative analysis. Surveys and reference works in mathematics vol. 3. Pitman 1978.

[11] Rektorys, K.: Variational methods in mathematics, science and engineering. D. Reidel Publishing Company 1977.

[12] Collatz, L.: Eigenwertaufgaben mit technischen Anwendungen. Akademische Verlagsgesellschaft Leipzig, 2. Auflage 1963.

[13] Stadter, J.T.: Bounds to eigenvalues of rhombical membranes. SIAM J.Appl.Math. 14 (1966) 324-341.

[14] Kuttler, J.R., Sigillito, V.G.: Bounding eigenvalues of elliptic operators. SIAM J.Math.Anal. 9 (1978) No. 4 748-773.

W. Velte
Institut für Angewandte Mathematik und Statistik
der Universität Würzburg, Am Hubland
D - 8700 Würzburg

COMPLEMENTARY VARIATIONAL PRINCIPLES
and
NONCONFORMING TREFFTZ ELEMENTS

Bodo Werner

1. Introduction

We consider convex variational problems

$$J(u) = \min ! \; , \; u \in K, \tag{1.1}$$

where K is a convex subset of a real linear space X and $J: X \to \mathbb{R}$ is a convex Gateaux-differentiable functional, and special discrete counterparts

$$J(u_h) = \min ! \; , \; u_h \in K_h. \tag{1.2}$$

We are interestad in conditions on K_h under that the estimate

$$\min_{u_h \in K_h} J(u_h) \leq \min_{u \in K} J(u) =: m \tag{1.3}$$

holds. (1.3) is of importance for some problems (1.1) of mathematical physics which arise in partial differential equations. (We mention the hypercircle estimates and the case that m itself is of physical interest. See [3], [15], [16] and the references therein.)

Using ideas of Trefftz [12],[13] we characterize in Theorem 3.1 a class of methods (1.2) for which (1.3) is valid. These methods can be regarded as special abstract nonconforming hybrid (or equilibrium) finite element methods. In a more transparent way than in [15] it turns out that some well known nonconforming finite elements are *Trefftz elements* with respect to certain energy functionals.

In comparison with [15] more general problems (1.1) with regard to the constraints fit into our theory such as the Signorini-Fichera and the two obstacles problem.

The estimate (1.3) as well as the Trefftz method is closely related to complementary variational problems. In section 2 we give an elementary approach in which complementary variational principles for general problems (1.1) are derived. (See [16] for the special case of a convex cone K and for references.)

We conclude the paper by a numerical example for a unilateral obstacle problem.

2. Complementary variational principles

Considering the convex variational problem (1.1) we deduce from the convexity of J

$$J(v) + J'(v)(u-v) \leq J(u) \quad \text{for } u,v \in X$$

and

$$J^c(v) := J(v) - J'(v)v + \inf_{u\in K} J'(v)u \leq \inf_{u\in K} J(u). \qquad (2.1)$$

Hence for

$$K^c := \{v\in X \mid J^c(v) > -\infty\} = \{v\in X \mid \inf_{u\in K} J'(v)u > -\infty\} \qquad (2.2)$$

the inequality

$$\sup_{v\in K^c} J^c(v) \leq \inf_{u\in K} J(u)$$

holds. From the convexity of the constraint set K, each solution $\bar{u}$ of (1.1) is characterized by the variational inequality

$$J'(\bar{u})(u-\bar{u}) \geq 0 \quad \text{for all } u\in K.$$

Hence $\bar{u}\in K^c$ and $J^c(\bar{u}) = J(\bar{u})$. We obtain

Theorem 2.1

Given J^c by (2.1) and K^c by (2.2), the variational principle

$$J^c(v) = \max ! \ , \ v \in K^c, \qquad (2.3)$$

is complementary to (1.1) in the sense that $J^c(v) \leq J(u)$ for $v\in K^c$ and $u\in K$ and that $J^c(\bar{u}) = J(\bar{u})$ for each solution $\bar{u}$ of (1.1).

In [16] the special case where $K = u^o + C$ and C is a cone is discussed. In this case it follows immediately that

$$K^c = \{v\in K \mid J'(v)w \geq 0 \text{ for each } w\in C\},$$
$$J^c(v) = J(v) + J'(v)(u^o - v)$$

in accordance with [16].

Another approach to derive the complementary variational principle (2.3) is based on duality techniques in optimization theory: Let X' denote the algebraic dual of X and let

$$\mathcal{L}_K := \{\Lambda=\lambda+b \mid \lambda\in X',\ b\in\mathbb{R},\ \Lambda(u)\geq 0 \text{ for each } u\in K\}. \quad (2.4)$$

Then for a "Lagrange multiplier" $\Lambda\in\mathcal{L}_K$ we have

$$D(\Lambda) := \inf_{u\in X} (J(u)-\Lambda(u)) \leq \inf_{u\in K} J(u). \quad (2.5)$$

Those affine mappings $\Lambda=\lambda+b\in\mathcal{L}_K$ for which

$$D(\Lambda) = \min_{u\in X} (J(u)-\Lambda(u)) = J(u_\Lambda)-\Lambda(u_\Lambda)$$

are characterized by $\lambda=J'(u_\Lambda)$. This follows from the convexity of J. One easily proves the following connection between (2.1) and (2.5) based on the *Legendre transformation* $\lambda=J'(v)$:

Lemma 2.2

Let $v\in X$ and $\lambda=J'(v)\in X'$. Then $v\in K^c$ if and only if there is $b\in\mathbb{R}$ such that $\Lambda=\lambda+b\in\mathcal{L}_K$. For $v\in K^c$ we have

$$J^c(v) = D(\lambda+b_v), \text{ where}$$
$$b_v := \inf\{b\in\mathbb{R} \mid \lambda+b\in\mathcal{L}_K\}.$$

Theorem 2.1 and Lemma 2.2 are too simple to be essentially new. But in the literature such elementary approach seems to be missing. Most of the different versions of complementary variational principles in mathematical physics for variational problems (1.1) can be obtained from Theorem 2.1. The interesting fact is that there exist different convex extensions $J:X\to\mathbb{R}$ associated with (1.1) each of them leading to another complementary principle. The reason is that there is some freedom in the choice of X. Therefore different complementary sets K^c can be associated with a given K (compare [16]). We will discuss this in the following example of a *two obstacles problem* (see [10]):

<u>Example 2.3</u> Let $B \subset \mathbb{R}^n$ be a bounded domain,

$$J(u) := \int_B (|\nabla u|^2 - 2fu)dx \ , \tag{2.6}$$

$$K := \{u \in H^1(B) \mid h_1 \leq u \leq h_2 \text{ in } B \text{ and } u = g \text{ on } \partial B\}. \tag{2.7}$$

$H^1(B)$ is the usual Sobolev space notation. We will shortly discuss three different choices of X:

I. <u>$X = H^1(B)$</u> Then $v \in K^c$ if and only if

$$\chi(v) := \inf_{u \in K} \int_B (\nabla v \nabla u - fu)dx > -\infty \ .$$

For $v \in H^2(B)$ we have from Green's formula

$$\chi(v) = \inf_{u \in K} \left(\int_B (-\Delta v - f)udx \right) + \int_{\partial B} \frac{\partial v}{\partial n} gds \ ).$$

We consider the following cases:

a.) $h_1 = -\infty$, $h_2 = +\infty$. Then $\chi(v) > -\infty$ if and only if $-\Delta v = f$. It is

$$J^c(v) = - \int_B |\nabla v|^2 dx + 2 \int_{\partial B} \frac{\partial v}{\partial n} gds \ . \tag{2.8}$$

b.) $h_1 \in L_2(B)$, $h_2 = +\infty$. Then $\chi(v) > -\infty$ if and only if $-\Delta v \geq f$.

c.) h_1, $h_2 \in L_2(B)$. Then $\chi(v) > -\infty$ for each $v \in H^2(B)$. The complementary functional J^c is given by (2.8) with an additional term $2\int_B (-\Delta v - f)H(v)dx$, where $H(v)$ is defined by

$$H(v)(x) := \begin{cases} h_1(x), & \text{if } -\Delta v(x) \geq f(x) \\ h_2(x), & \text{if } -\Delta v(x) < f(x) \ . \end{cases}$$

II. <u>$X = H^1_{\mathcal{T}}(B)$</u> , where $\mathcal{T}$ is a partition ("triangulation") of B into subdomains ("elements") T and

$$H^1(B) := \bigoplus_{T \in \mathcal{T}} H^1(T)$$

is the space of piecewise $H^1(T)$ functions. Then

$$J(u) := \sum_{T \in \mathcal{T}} \int_T (|\nabla u|^2 - 2fu)dx \ , \ u \in X,$$

defines a convex functional on X. The functions v in K^c have similar properties as in case I with the following exception: the differential (in)equalities $-\Delta v=f$ $(-\Delta v \geqslant f)$ must be valid only in the subdomains T . On the interfaces $\partial T_{+} \cap \partial T_{-}$ $(T_{+}, T_{-} \in \mathcal{T})$ these conditions degenerate to some corresponding jump conditions on the normal derivatives (c. [16]). No continuity condition on $v \in K^{c}$ has to be satisfied!

III. $X = L_2(B) \times L_2(B)^n \ni (u, \vec{w})$.

In accordance with (2.6),(2.7) set

$$J(u,\vec{w}) := \int_{B} (|\vec{w}|^2 - 2fu)dx \ ,$$

$$K := \{(u,\vec{w}) \mid u \in H^1(B),\ w = \nabla u,\ u = g \text{ on } \partial B\}.$$

Replacing v by a vectorfield $\vec{w}$ one gets similar properties of K^c as above. For instance the inequality $-\Delta v \geqslant f$ has to be replaced by $-\text{div}\ \vec{w} \geqslant f$.

Example 2.3 is very well suited to discuss the conditions under that finite element functions u_h (which are in general piecewise polynomials) belong to K or to K^c. $u_h \in K$ being called a *conforming* finite element function has to satisfy three types of conditions: the continuity condition $u_h \in H^1(B)$ on the interfaces, the inequalities $h_1 \leqslant u_h \leqslant h_2$ and the boundary conditions $u_h = g$ on ∂B. In general the last two conditions cannot be satisfied exactly.

The conditions which guarantee that u_h belongs to K^c are quite different: in the cases Ia,b the requirement $u_h \in K^c$ leads to C^2-elements. But in the case II, $u_h \in K^c$ has to satisfy no continuity conditions on the inner boundaries. Hence *nonconforming* finite element functions might be successful though to satisfy the differential (in)equalities being imposed on u_h K^c might cause difficulties. This is picked up in the next section.

The choice of X in case III leads to the mostly used complementary principle. (For elasticity problems $\vec{w}$ has to be replaced by the strain or stress tensor, J^c is the complementary energy and K^c is related to equilibrium conditions.) In [6] finite element spaces of piecewise linear vectorfields $\vec{w}_h$ satisfying

$\operatorname{div} \vec{w}_h = 0$ are constructed.

Finite element functions used in the praxis in general only approximately satisfy $u_h \in K$ or $u_h \in K^c$. We mention the primal and dual hybrid methods ([8],[11]). The interesting aspect of $u_h \in K$ or $v_h \in K^c$ are the inequalities

$$J(u_h) \geq \min_{u \in K} J(u) ,$$

$$J^c(v_h) \leq \max_{v \in K^c} J^c(v) \;\; (= \min_{u \in K} J(u)) .$$

3. Trefftz method and nonconforming finite elements

The Trefftz method has been proposed in [12]. In a subsection of [13] Trefftz showed that his method is based on a *principle of liberation* which we are going to apply to general convex variational problems (1.1):

Let $\mathcal{L}$ be a finite subset of $\mathcal{L}_K$ being defined in (2.4) and let

$$K_{\mathcal{L}} := \{u \in X \mid \Lambda u \geq 0 \quad \text{for each } \Lambda \in \mathcal{L}\}. \tag{3.1}$$

Then $K_{\mathcal{L}}$ is the intersection of a finite number of halfspaces containing K. *Liberalizing* the condition $u \in K$ of (1.1) into $u \in K_{\mathcal{L}}$ one obtains a semifinite convex variational problem

$$J(u) = \min ! \;, \quad u \in K_{\mathcal{L}} \tag{3.2}$$

which for infinite dimensional X is only slightly simpler than (3.1). For each solution $u_{\mathcal{L}}$ of (3.2) it follows immediately that

$$u_{\mathcal{L}} \in (K_{\mathcal{L}})^c \subset K^c \quad \text{and} \quad J^c(u_{\mathcal{L}}) = J(u_{\mathcal{L}}) \leq \min_{u \in K} J(u).$$

In [13] a special case of example 2.3 ($f \equiv 0$, $h_1 = -\infty$, $h_2 = +\infty$) with

$$K := \{u \mid \int_{\mathcal{B}} (u-g)\phi_j \, ds = 0, \; j=1,..,m\}$$

is treated. In this case it is shown that the solution of (3.2) can be found by a linear system of "Trefftz equations" if harmonic functions w_j are available satisfying

$$\frac{\partial w_j}{\partial n} = \phi_j \quad \text{on } \partial B.$$

In [13] a complementary principle is not used explicitely (this was done later in [5]), but a connection can easily be established: $(K_{\mathcal{L}})^c$ is a finite dimensional subspace of K^c spanned by $w_1,\ldots,w_m$ and $w\equiv 1$.

For a solution $u_{\mathcal{L}}$ of the general *liberalized* problem (3.2) there is a similar connection with complementary principles: from Lemma 2.2 we know that $v\in(K_{\mathcal{L}})^c$ if and only if there is $b\in\mathbb{R}$ such that

$$J'(v)+b\in\mathcal{L}_{K_{\mathcal{L}}}.$$

But $\mathcal{L}_{K_{\mathcal{L}}}$ equals the convex cone closure

$$\bar{\mathcal{L}}:=\{\alpha_1\Lambda_1+\alpha_2\Lambda_2 \mid \Lambda_i\in\mathcal{L},\ \alpha_i>0,\ i=1,2\}$$

of the finite set $\mathcal{L}$. Thus the *Legendre transformation* $\lambda=J'(v)$ maps $(K_{\mathcal{L}})^c$ into a finite dimensional cone.

Given a finite dimensional subspace X_h of X, the set

$$K_h:=X_h\cap K_{\mathcal{L}}$$

is convex, and the problem

$$J(u_h)=\min!\ ,\ u_h\in K_h, \tag{3.3}$$

is a finite convex optimization problem. Since in general $K_h\subset K$ (3.3) can be interpreted as an abstract nonconforming finite element or a special primal hybrid method.

The following theorem expressed partly in the language of finite elements ([2]) contains conditions under that solutions of (3.3) solve (3.2):

Theorem 3.1

Let $F_j\in X'$, $j=1,..,m$, be a system of *degrees of freedom* for the *finite element space* $X_h=\langle u_1,\ldots,u_m\rangle$ which means

$$F_j(u_i)=\delta_{ij},\ i,j=1,..,m. \tag{3.4}$$

Assume that the *degrees of freedom* F_j are used for *liberalization* which means

$$\lambda+b\in\mathcal{L}\Rightarrow\lambda\in\langle F_1,\ldots,F_m\rangle. \tag{3.5}$$

Then the compatibility condition

$$J'(u_h) \in \langle F_1,\dots,F_m\rangle \quad \text{for each } u_h \in X_h \tag{3.6}$$

of the *finite element space* X_h with the variational functional J in (1.1) implies that each solution of the *nonconforming (hybrid) finite element method* (3.3) solves the *Trefftz problem* (3.2).

Finite elements corresponding to a *finite element space* X_h which satisfies (3.4)-(3.6) of the theorem, will be called *Trefftz elements*.

Proof: A solution $\bar{u}_h$ of (3.3) is characterized by the variational inequality

$$J'(\bar{u}_h)(u_h-\bar{u}_h) \geq 0 \quad \text{for each } u_h \in K_h. \tag{3.7}$$

We have to show that even

$$J'(\bar{u}_h)(u-\bar{u}_h) \geq 0 \quad \text{for each } u \in K_{\mathcal{L}}. \tag{3.8}$$

"Interpolating" $u \in K_{\mathcal{L}}$ by

$$u_h := \sum_{j=1}^{m} F_j(u) u_j \in X_h,$$

it follows that

$$F_j(u_h) = F_j(u), \ j=1,\dots,m.$$

Hence (3.5) implies that $u_h \in K_{\mathcal{L}} \cap X_h = K_h$, and from the condition (3.6) one gets

$$J'(\bar{u}_h)(u-\bar{u}_h) = J'(\bar{u}_h)(u_h-\bar{u}_h).$$

Thus (3.8) follows from (3.7). ■

For an application of Theorem 3.1 consider the obstacle problem of example 2.3. Let $\mathcal{T}$ be a triangulation of B into n-simplices T. Assume

$$X_h := \bigoplus_{T\in\mathcal{T}} P_1(T) \subset X := H^1_{\mathcal{T}}(T)$$

to be the piecewise linear finite element space. Assume additionally $f\equiv 0$. For $u_h \in X_h$, $v \in X$ Green's formula gives

$$\tfrac{1}{2} J'(u_h)v = \sum_{T\in\mathcal{T}} \int_T \nabla u_h^T \nabla v^T dx$$

$$= \sum_{T \in \mathcal{T}} \left(\sum_{\sigma \in \hat{T}} \frac{\partial u_h^T}{\partial n_\sigma} \int_\sigma v^T ds \right), \tag{3.9}$$

where $\hat{T}$ denotes the set of the facets of T, n_σ is the (constant) outer normal on σ with respect to T, and where the upper index T denotes restriction to T. Note that the normal derivative $\frac{\partial u_h^T}{\partial n_\sigma}$ is constant on σ since $u_h^T \in P_1(T)$. Hence the compatibility condition (3.6) is satisfied if for each $T \in \mathcal{T}$ and $\sigma \in \hat{T}$ the linear functional $F_\sigma \in X'$, being defined by the mean value

$$F_\sigma(v) := \frac{1}{|\sigma|} \int_\sigma v^T ds \quad , \; v \in X, \; (|\sigma| := \text{measure of } \sigma), \tag{3.10}$$

satisfies the conditions of the degrees of freedom in Theorem 3.1. But this is indeed true: (3.6) follows from (3.9) while (3.4) is a consequence of

$$F_\sigma(v) = v^T(Q_\sigma) \text{ for } v \in X_h,$$

where Q_σ is the barycenter of σ. A well known nonconforming linear element has been reconstructed (see [10])!
It remains to discuss (3.5). For convergence properties (see [1]) of (3.3) the "liberalization set" $\mathcal{L}$ should be chosen in such a way that $K_{\mathcal{L}}$ approximates K sufficiently well. For the constraints (2.7) this means that they should be liberalized by (3.10) in a "not to liberal" way. This can be done as follows:
The continuity constraint $u \in H^1(B)$ can be relaxed in a natural way by

$$F_{\sigma^+}(u) = F_{\sigma^-}(u) \tag{3.11}$$

for two neighbored simplices $T^+, T^- \in \mathcal{T}$ which are seperated by a common facet $\sigma^+ = \sigma^-$. For $u \in X_h$, (3.11) implies continuity of u in the barycenter of σ.
The inequality constraint $h_1 \leq u \leq h_2$ can be weakened to

$$\frac{1}{|\sigma|} \int_\sigma h_1 ds \leq F_\sigma(u) \leq \frac{1}{|\sigma|} \int_\sigma h_2 ds \;, \tag{3.12}$$

where σ is a facet in B.
The equality constraint $u = g$ on ∂B can be liberalized to

$$\frac{1}{|\sigma|}\int_{\sigma} g ds = F_{\sigma}(u), \ \sigma \subset \partial B. \qquad (3.13)$$

Hence the "simplicial" linear finite element together with the degrees of freedom F in (3.10) is a *Trefftz element* with respect to the Dirichlet integral

$$J(u) = \int_{B} |\nabla u|^2 dx \ . \qquad (3.14)$$

Here (3.3) is a quadratic program with the simplest type of linear constraints (3.12), (3.13) for the variables $x_\sigma := F_\sigma(u)$, where σ runs through the facets of $\mathcal{T}$.

One easily checks that (3.9) and hence (3.6) is still true if (3.14) is replaced by the "minimal surface functional"

$$J(u) := \int_{B} \sqrt{1 + \sum_{i=1}^{n} (\frac{\partial u}{\partial x_i})^2 \ dx} \qquad (3.15)$$

Other constraint sets K than (2.7) can be handled too as for instance

$$K := \{u \in H^1(B) | \ u=g \text{ on } \partial_1 B \text{ and } u \geq h \text{ on } \partial_2 B\},$$

$(\partial B = \partial_1 B \cup \partial_2 B)$ which is related to the Signorini-Fichera problem.

Another example is the quadratic Morley element which turns out to be a Trefftz element with respect to the energy functional

$$J(u) := \int_{B} [\mu(\Delta u)^2 + (1-\mu)\{ (\frac{\partial^2 u}{\partial x^2})^2 + (\frac{\partial^2 u}{\partial y^2})^2 + 2(\frac{\partial^2 u}{\partial x \partial y})^2 \}] dxdy \qquad (3.16)$$

appearing in plate bending theory (see also [4] and [15]).

Looking for further applications of Theorem 3.1 it seems to be that the class of polynomial Trefftz elements is restricted to rather simple functionals J as (3.14)-(3.16) and to lower polynomial degrees. Theoretically it is possible to construct higher order Trefftz elements. But then nonpolynomial finite element functions with singularities in the vertices of the elements are involved which are not known analytically.

We conclude with a numerical example for a special case of the class of obstacle problems presented in example 2.3:

$$B:=[0,1]^2\subset\mathbb{R}^2,\ f:\equiv -1,\ h_1(x,y):=\max(1-x-y,0),$$
$$h_2(x,y):=+\infty,\ g(x,y):=\text{ restriction of } h_1 \text{ to } \partial B. \tag{3.17}$$

Upper bounds for

$$m:=\min_{u\in K}\int_B(|\nabla u|^2+2u)dx$$

can be obtained applying *conforming* linear finite elements: using piecewise linear *continous* functions a quadratic program (1.2) with $K_h\subset K$ can be constructed. We have shown above that the finite element method using nonconforming linear elements yields lower bounds for the minimal energy of each problem of example 2.3 provided $f\equiv 0$. But the transformation

$$\hat{u} = u-w\ ,\ \text{where}\quad -\Delta w = f \text{ in } B,$$

carries over the given problem into another obstacle problem where now $f\equiv 0$. In our example (3.17) $w(x,y):=(x^2+y^2)/4$ is a possible choice.

For numerical computations we use a regular mesh of triangles with meshsize h. We got the following numbers for

$$m_h:=\min_{u\in K_h} J(u)\ :$$

h	m_h nonconforming elements	m_h conforming elements
1/4	1.118564	1.148274
1/8	1.128282	1.135878
1/11	1.129850	
1/12		1.133524
1/15	1.130666	
1/16		1.132694

References

1. Brezzi, F, Hager, W.W. and P.A. Raviart: Error Estimates for the Finite Element Solution of Variational Inequalities. Part I. Primal Theory. Numer.Math. 28, 431-443 (1977).

2. Ciarlet, P.G.: The finite element method for elliptic problems North Holland, Amsterdam and New York, 1978.

3. Collins, W.D.: An extension of the method of the hypercircle to linear operator problems with unilateral constraints. Proc. of the Royal Soc. of Edinburgh, 85A, 173-193 (198o).

4. Fraeijs de Venbeke, B.: Variational principles and the patch test. Int. J. Num. Math. Eng. 8, 783-8o1 (1974).

5. Friedrichs, K.: Ein Verfahren der Variationsrechnung, das Minimum eines Integrals als das Maximum eines anderen Ausdrucks darzustellen. Nachr. d. Ges. Wiss. Göttingen, Math. Phys. Kl., 13-2o (1929).

6. Haslinger, J. and I. Hlavâcek: Convergence of a Finite Element Method Based on the Dual Variational Formulation. Apl. Mat. 21, 43-65 (1976).

7. Oden, J.T. and J.N. Reddy: Variational methods in theoretical mechanics. Springer Berlin-Heidelberg-New York (1975).

8. Raviart, P.A. and J.M. Thomas: Primal Hybrid Finite Element Methods for 2nd Order Elliptic Equations. Math. Comp. 31, 391-413 (1977).

9. Scarpini, F.: Some Algorithms Solving the Unilateral Dirichlet Problem with Two Constraints. Calcolo 12, 113-149 (1975).

1o. Strang, G. and G. Fix: An Analysis of the Finite Element Method. Prentice Hall, Englewood Cliffs 1973.

11. Thomas, J.M.: Sur L'Analysis Numerique des Methodes d'Elements Finis Habrides et Mixtes. These de Doctorat d'Etat. Paris 1977.

12. Trefftz, E.: Ein Gegenstück zum Ritzschen Verfahren. Verhandl. d. 2. Internat. Kongreß f. techn. Mech. Zürich 1926 Zürich 1927, 131-138.

13. Trefftz, E.: Konvergenz und Fehlerabschätzung beim Ritzschen Verfahren. Math. Ann. 1oo, 5o3-521 (1928).

14. Velte, W.: Direkte Methoden der Variationsrechnung, B.G. Teubner, Stuttgart. 1976.

15. Werner, B.: Über eine Beziehung zwischen komplementären und und nichtkonformen finiten Elementen. ZAMM 57, 5o1-5o6 (1977).

16. Werner, B.: On Complementary Variational Principles and Hypercircle Estimates with Applications to Obstacle Problems. Methoden und Verfahren der mathematischen Physik 18, 141-152. (B. Brosowki and E. Martensen Eds.) Peter Lang, Frankfurt/M. Bern and Cirencester. 1979.

Bodo Werner
Institut für Angewandte Mathematik
Universität Hamburg
Bundesstraße 5o
D-2ooo Hamburg 13

QUOTIENTENEINSCHLIESSUNG BEIM ERSTEN MEMBRANEIGENWERT

Wolfgang Wetterling

The numerical application of the quotient inclusion theorem to the equation of the oscillating membrane is considered. Since the quotient $\Delta v/v$ needs to be bounded only from one side, no boundary condition $\Delta v = 0$ is required. Bounds for the first eigenvalue can be obtained by solving a non-linear semi-infinite optimization problem.

1. Einleitung. In diesem Beitrag wird anschliessend an frühere Untersuchungen [3] über weitere numerische Erfahrungen bei der Anwendung des Quotienteneinschliessungssatzes von L. COLLATZ auf den ersten Membraneigenwert berichtet. Es zeigt sich, dass der Quotient $\Delta v/v$ nur einseitig beschränkt zu sein braucht. Daher braucht man nicht mehr die Randbedingung $\Delta v = 0$ und kann die Eigenwertschranken durch Lösung einer nichtlinearen semi-infiniten Optimierungsaufgabe bestimmen.

2. Der Quotienteneinschliessungssatz. Die Eigenwertaufgabe der Membranschwingung lautet

$$\Delta u + \lambda u = 0 \quad \text{in } \Omega, \qquad u = 0 \quad \text{auf } \partial\Omega. \tag{1}$$

Dabei sei Ω eine offene, zusammenhängende und beschränkte Menge in $\mathbb{R}^2$. Wir nehmen an, dass Ω so beschaffen ist, dass eine in Ω positive Eigenfunktion $u \in C^2(\Omega) \cap C(\bar{\Omega})$ zum Eigenwert $\lambda = \lambda_o$ existiert und der Greensche Intergralsatz anwendbar ist. In der in [3] gebrauchten Form besagt der Quotienteneinschliessungssatz: Falls $v > 0$ ist in Ω, $v = 0$ auf $\partial\Omega$, und

$$\lambda_- \le -\Delta v/v \le \lambda_+ \quad \text{in } \Omega, \tag{2}$$

dann gilt $\lambda_- \le \lambda_o \le \lambda_+$. Wenn der Quotient $-\Delta v/v$ beschränkt sein soll, muss auch $\Delta v = 0$ sein auf $\partial\Omega$. In [3] ist beschrieben, wie man Ansatzfunktionen v mit dieser Eigenschaft konstruieren kann. Es zeigt sich nun, dass die Einschliessung noch gilt, wenn nur eine der Schranken in (2) endlich ist. Man braucht dann nicht mehr die Bedingung $\Delta v = 0$ auf $\partial\Omega$, muss jedoch ein v_+ mit $-\Delta v_+/v_+ \le \lambda_+$ für die Oberschranke und ein v_- mit $\lambda_- \le -\Delta v_-/v_-$ für die Unterschranke bestimmen.

SATZ: Sei $\sigma = +1$ oder -1, $v \in C^2(\Omega) \cap C(\bar{\Omega})$ mit

$$\sigma(\Delta v + \lambda v) \ge 0 \quad \text{in } \Omega, \tag{3}$$

$v \ge 0$, $\not\equiv 0$ in Ω, $v = 0$ auf $\partial\Omega$. Dann ist $\sigma(\lambda - \lambda_o) \ge 0$, also λ Oberschranke für λ_o im Fall $\sigma = +1$, Unterschranke im Fall $\sigma = -1$.

BEWEIS: (B. WERNER, mündliche Mitteilung): Durch Multiplikation von (3) mit der Eigenfunktion u, Integration über Ω und Anwendung des Greenschen Satzes folgt

$$\begin{aligned} 0 &\le \sigma \int_\Omega (u\Delta v + \lambda uv)\, dxdy \\ &= \sigma \int_\Omega (v\Delta u + \lambda uv)\, dxdy \\ &= \sigma(-\lambda_o + \lambda) \int_\Omega vu\, dxdy. \end{aligned}$$

□

3. Die semi-infinite Optimierungsaufgabe. Wir wollen annehmen, dass Ω gegeben ist durch eine hinreichend oft differenzierbare Funktion f, also $\Omega = \{(x,y);\ f(x,y) > 0\}$ oder eine Zusammenhangskomponente einer solchen Menge. Auf $\partial\Omega$ ist dann $f(x,y) = 0$. Als Ansatzfunktionen gebrauchen wir

$$v(x,y) = f(x,y) \sum_{j=1}^{n} a_j p_j(x,y). \tag{4}$$

Diese genügen der Bedingung $v = 0$ auf $\partial\Omega$. Die $p_j(x,y)$ sind im allgemeinen Fall linear unabhängige Funktionen und waren bei den jetzt ausgeführten numerischen Berechnungen von der Gestalt $x^\ell y^k$. Es wäre lohnend auch die Verwendung von Spline-Funktionen zu erproben.

Die bestmöglichen Eigenwertschranken mit dem Ansatz (4) kann man durch Lösung zweier Optimierungsaufgaben ($\sigma = +1$ bezw. $\sigma = -1$) zu bestimmen versuchen:

$$\left.\begin{array}{l}\sigma\lambda \text{ ist zu minimieren unter den Nebenbedingungen}\\ \sigma(\Delta v + \lambda v) \geq 0,\ v \geq 0,\ v \not\equiv 0 \quad \text{in } \Omega.\end{array}\right\} \quad (5)$$

Die Unbekannten sind λ und die Parameter a_i im Ansatz (4). Um die a_i im zunächst homogenen Ansatz (4) festzulegen und die Bedingung $v \not\equiv 0$ zu erfüllen, wird $p_1(x,y) \equiv 1$ gewählt und $a_1 = 1$ gesetzt. (5) ist eine semi-infinite Optimierungsaufgabe, da die Nebenbedingungen für alle $(x,y) \in \Omega$ gefordert werden, und ist wegen des Produkts λv in den Nebenbedingungen eine nichtlineare Aufgabe. In den folgenden Abschnitten 4 bis 6 wird die zur Lösung von (5) verwendete numerische Methode beschrieben.

4. Diskretisierung. Ω wird mit einem Quadratgitter der Maschenweite h überzogen. Ω_h sei die Menge der inneren Gitterpunkte, $\partial\Omega_h$ die Menge der Randgitterpunkte (Schnittpunkte der Gitterlinien mit $\partial\Omega$), $\bar{\Omega}_h = \Omega_h \cup \partial\Omega_h$ und $\partial\Omega_h'$ die Menge der Punkte in $\partial\Omega_h$, in denen die Normale auf $\partial\Omega$ existiert. Als diskretisiertes Problem wird betrachtet:

$$\left.\begin{array}{l}\sigma\lambda \text{ ist zu minimieren unter den Nebenbedingungen}\\ \sigma(\Delta v + \lambda v) \geq 0 \quad \text{in } \bar{\Omega}_h,\\ v \geq 0 \quad \text{in } \Omega_h,\\ \partial_\nu v \geq 0 \quad \text{in } \partial\Omega_h'.\end{array}\right\} \quad (6)$$

∂_ν ist die Ableitung in Richtung der inneren Normale. Die Bedingung $v \not\equiv 0$ ist, wie bemerkt, durch die Wahl des Ansatzes erfüllt.

5. Iterierte Lineare Optimierung. Für $k = 1,2,3,\ldots$ wird die folgende, aus (6) durch Linearisierung erhaltene lineare Optimierungsaufgabe gelöst:

$$\left.\begin{array}{l}\eta \text{ ist zu minimieren unter den Nebenbedingungen}\\ \sigma(\Delta v + \lambda^{(k-1)} v + \eta v^{(k-1)}) \geq 0 \quad \text{in } \bar{\Omega}_h,\\ v \geq 0 \quad \text{in } \Omega_h,\\ \partial_\nu v \geq 0 \quad \text{in } \partial\Omega_h'.\end{array}\right\} \quad (7)$$

Die Unbekannten sind hier η und die Parameter $a_2,\ldots,a_n$ im Ansatz (4) für v.

Wie bemerkt ist $a_1 = 1$. Wenn beim k. Schritt (7) eine Lösung $v = v^{(k)}$, $\eta = \eta^{(k)}$ hat, wird beim (k+1). Schritt in (7) dieses $v^{(k)}$ und $\lambda^{(k)} = \lambda^{(k-1)} + \eta^{(k)}$ verwendet. Beim Start wird als $\lambda^{(0)}$ ein Schätzwert für λ_o und als $v^{(0)}$ beispielsweise $v^{(0)} = f$ verwendet, also der Ansatz (4) mit $p_1 \equiv 1$, $a_1 = 1$, $a_2 = \ldots = a_n = 0$. Diese nach dem Prinzip des Newtonschen Verfahrens arbeitende Methode konvergierte bei den durchgerechneten numerischen Beispielen mit der erwarteten quadratischen Konvergenzgeschwindigkeit.

6. Korrektur der diskreten Lösung. Für $\sigma = +1$ oder -1 seien λ und v Lösung des diskreten Problems (6). Dann ist $\sigma(\Delta v + \lambda v) \geq 0$ in $\bar{\Omega}_h$, aber in der Regel negativ in einem Teil von $\bar{\Omega}\backslash\bar{\Omega}_h$. An v und λ sollen nun Korrekturen angebracht werden: $\bar{\lambda} = \lambda + \mu$, $\bar{v} = v + \varepsilon z$, und zwar so, dass $\sigma(\Delta\bar{v} + \bar{\lambda}\bar{v}) \geq 0$ wird in $\bar{\Omega}$. Eigentlich wäre es auch möglich, dass $v < 0$ wird in einem Teil von $\Omega\backslash\Omega_h$, und auch hierfür könnte man eine Korrekturmöglichkeit angeben. Darauf wird hier verzichtet, weil dieser Fall bei den durchgeführten Berechnungen nicht vorkam. Zu diesem Zweck ist übrigens auch die Bedingung $\partial_\nu v \geq 0$ in (6) aufgenommen. Wir nehmen also im folgenden $v \geq 0$ in $\bar{\Omega}_h$ an. Zur Korrektur wird eine Hilfsfunktion z gebraucht, die den Bedingungen

$$-\Delta z \geq \gamma > 0 \quad \text{in } \bar{\Omega},$$
$$z = 0 \quad \text{auf } \partial\Omega,$$
$$z > 0 \quad \text{in } \Omega$$

genügt. Ein solches z existiert, etwa als Lösung von $-\Delta z = 1$. Bei den numerischen Berechnungen wurde z durch Lösung einer linearen Optimierungsaufgabe mit einem Ansatz wie (4) bestimmt. Hiermit soll nun

$$\sigma[\Delta(v+\varepsilon z) + (\lambda+\mu)(v+\varepsilon z)] \geq 0, \tag{8a}$$
$$v + \varepsilon z \geq 0 \tag{8b}$$

werden in $\bar{\Omega}$. (8a) wird wie folgt zerlegt:

$$[\sigma(\Delta v + \lambda v) + \sigma\varepsilon\Delta z] + [\sigma\lambda\varepsilon z + \sigma\mu(v+\varepsilon z)] \geq 0. \tag{9}$$

Der Inhalt der ersten Klammer wird ≥ 0 mit

$$\varepsilon = \sigma \inf_{\Omega} \frac{\sigma(\Delta v + \lambda v)}{-\Delta z} . \tag{10}$$

Wenn überhaupt eine Korrektur nötig ist, wird $\sigma\varepsilon < 0$. Im Falle $\sigma = -1$ wird dann $\varepsilon > 0$ und daher $v + \varepsilon z > 0$ in Ω. Wenn im Falle $\sigma = +1$ das ε aus (10) so stark negativ ist, dass die Bedingung $v + \varepsilon z \geq 0$ verletzt ist, sollte man mit einer feineren Diskretisierung die Berechnungen wiederholen. Wenn aber $v + \varepsilon z > 0$ ist, kann man mit

$$\mu = -\lambda\varepsilon \sup_{\Omega} \frac{z}{v+\varepsilon z} \tag{11}$$

erreichen dass in (9) auch der Inhalt der zweiten Klammer ≥ 0 wird. Da sowohl v als z nach dem Ansatz (4) den Faktor f enthalten, fällt dieser Faktor in (11) heraus, und man kann die Rechnung so gestalten, dass der Quotient $z/(v+\varepsilon z)$ auch bei Annäherung an $\partial\Omega$ nicht vom Typ 0/0 wird. μ ist dann ebenso wie ε als Lösung eines Extremwertproblems über $\bar{\Omega}$ zu bestimmen.

7. Numerische Resultate. Folgende Beispiele wurden durchgerechnet:

1. Eine Ellipse mit den Halbachsen 1 und 2, $f(x,y) = 4 - x^2 - 4y^2$, $\lambda = 3.566\,726\,60 \pm 2\cdot 10^{-8}$ (FOX, HENRICI, MOLER [2]).
2. Ein Oval mit $\lambda = 10$, $f(x,y) = 2\cos x + 4\cos y - 3$ (vgl. [3]).
3. Ein nicht-konvexes Gebiet, $f(x,y) = 1 + 1.5\,x^2 - x^4 - y^2$.

Als Ansatzfunktionen $p_j(x,y)$ in (4) wurden $1, x^2, y^2, x^4, x^2y^2, y^4, \ldots$ verwendet. In der Tabelle auf der folgenden Seite ist N der Polynomgrad, n die Anzahl der Ansatzfunktionen, M die Anzahl der Gitterpunkte in $\bar{\Omega}_h$. Unter λ_{diskr} sind die Lösungen λ_+ und λ_- der diskreten Optimierungsprobleme (6) in der Form "Mittelwert $\pm$ Abweichung in den darüberstehenden Dezimalen" angegeben, und für die Beispiele 1 und 2 unter λ_{cont} in derselben Darstellung die gesicherten Eigenwertschranken mit den Korrekturen gemäss Abschnitt 6.

Die Resultate im 2. Beispiel sind erheblich besser als in [3], im 1. Beispiel jedoch bei weitem noch nicht so gut wie in [2]. Die Resultate zum 3. Beispiel lassen erkennen, dass der Polynomansatz und vielleicht die vorgeschlagene Methode bei Gebieten dieser Gestalt keine brauchbaren Ergebnisse gibt.

Beispiel	N	n	M	λ_{diskr}	λ_{cont}
1	4	6	26	3.572 $\pm$16	3.568 $\pm$23
	6	10	51	3.56650 $\pm$67	3.56684 $\pm$151
	8	15	75	3.566731 $\pm$20	3.566732 $\pm$61
2	4	6	27	10.0020 $\pm$38	10.0013 $\pm$63
	6	10	38	9.999989 $\pm$29	10.000017 $\pm$79
	8	15	57	10.00000003 $\pm$14	9.99999995 $\pm$43
3	6	10	61	3.16 $\pm$1.72	-
	8	15	61	3.32 $\pm$96	-
	10	21	69	3.35 $\pm$58	-

Literatur

1. Collatz, L.: Eigenwertaufgaben mit technischen Anwendungen. Leipzig, Geest u. Portig 1963.

2. Fox, L., Henrici, P., Moler, C.: Approximations and bounds for eigenvalues of elliptic operators. SIAM J. Numer. Anal. 4 (1967), 89-102.

3. Wetterling, W.: Quotienteneinschliessung bei Eigenwertaufgaben mit partieller Differentialgleichung. International Series of Numerical Mathematics, Vol. 38, Basel-Stuttgart, Birkhäuser 1977, 213-218.

W. Wetterling
Technische Hogeschool Twente, Onderafdeling TW
Postbus 217, 5400 AE Enschede, Niederlande.

FINITE ELEMENT METHODS FOR ELLIPTIC PROBLEMS CONTAINING BOUNDARY SINGULARITIES

J.R. Whiteman

The regularity properties of the weak forms of two dimensional Poisson problems with homogeneous Dirichlet boundary conditions for regions containing re-entrant corners are discussed in a Sobolev space setting. Reference is also made to three dimensional problems of this type. Galerkin techniques for approximating the solutions of such problems are described and L_∞-error bounds for a problem in an L-shaped domain are stated. A technique based on transfinite blending function interpolation for local mesh refinement in the neighbourhood of a re-entrant corner is proposed.

1. Introduction and Boundary Singularities

This paper is concerned with the use of finite element methods for the effective treatment of elliptic problems containing boundary singularities. The presence of such singularities causes the rate of convergence with decreasing mesh size of the finite element solution to the analytic solution to be lower than that for smooth problems, with corresponding loss of accuracy. Thus *standard* finite element methods are in this situation inefficient and special adaptations are needed. One such adaptation is presented here. The discussion is undertaken in the context of a two dimensional Poisson problem with homogeneous Dirichlet boundary conditions, because this exhibits many of the singular properties which are found in more complicated problems. Reference is also made to recent results for Poisson problems with boundary singularities in *three* space dimensions.

Let $\Omega \subset \mathbb{R}^2$ be a simply connected open bounded domain with polygonal boundary $\partial\Omega$, having corners z_j and corresponding internal angles α_j, $j = 1,2,\dots,N$, where $0 < \alpha_1 \leqq \alpha_2 \leqq \dots \leqq \alpha_N < 2\pi$. The closure $\overline{\Omega}$ of Ω is defined as $\overline{\Omega} \equiv \Omega \cup \partial\Omega$. The usual notation for Sobolev spaces $W_2^p(\Omega) \equiv H^p(\Omega)$ is adopted and the space $H_0^p(\Omega)$ is defined as

$$H_0^p(\Omega) \equiv \{v : v \in H^p(\Omega) \; ; D^\alpha v\Big|_{\partial\Omega} = 0 \; , \quad 0 \leqq |\alpha| \leqq p-1\} \; .$$

The two dimensional Poisson problem is that in which the function $u(x,y)$ satisfies

$$-\Delta[u(x,y)] = f(x,y) \; , \quad (x,y) \in \Omega \; , \tag{1.1}$$

$$u(x,y) = 0 \; , \quad (x,y) \in \partial\Omega \; , \tag{1.2}$$

where $f(x,y)$ is assumed to be smooth. The weak form of problem (1.1) - (1.2) is that in which $u \in H_0^1(\Omega)$ satisfies

$$a(u,v) = (f,v) \equiv F(v) \quad \forall \; v \in H_0^1(\Omega) \; , \tag{1.3}$$

where

$$a(u,v) \equiv \iint_\Omega \nabla u \, \nabla v \, dxdy \; ,$$

$$F(v) \equiv \iint_\Omega fv \, dxdy \; .$$

For problem (1.3) Grisvard [6] has shown that in terms of polar co-ordinates local to each corner of Ω, so that (r_j,θ_j) are local to the jth corner and $\theta_j = 0$ on one of the arms of that corner, the solution u can be expressed as

$$u = \sum_{j=1}^{N} a_j \, \chi_j(r_j,\theta_j) \, r_j^{\kappa_j} \sin \kappa_j\theta_j + w \; , \tag{1.4}$$

where the summation is over the corners, the a_j are unknown coefficients, the χ_j are smooth *cut-off* functions, $\kappa_j = \pi/\alpha_j$, $j = 1,2,\ldots,N$ and $w \in H^2(\Omega)$. The summation can therefore contain *singular* functions, whilst w is smooth. In general the solution u of (1.3) satisfies the regularity condition

$$u \in H_0^1(\Omega) \cap H^{1+\kappa_N-\varepsilon}(\Omega) \; , \tag{1.5}$$

where ε is an arbitrary positive number. If Ω is a convex polygon, then $u \in H_0^1(\Omega) \cap H^2(\Omega)$.

Our interest here is in problems with re-entrant boundaries, such as the L-shaped region of Fig. 1 in which $\alpha_N = 3\pi/2$, so that $\kappa_N = 2/3$. In this case the summation in (1.4) contains a term of the form $r_j^{2/3} \sin 2\theta_j/3$, with the result that for the problem in the L-shaped region $u \in H_0^1(\Omega) - H^2(\Omega)$. In fact $u \in H_0^1(\Omega) \cap H^{5/3-\varepsilon}(\Omega)$ and this will in Section 2 be seen to be crucial to the rate of convergence of the finite element error.

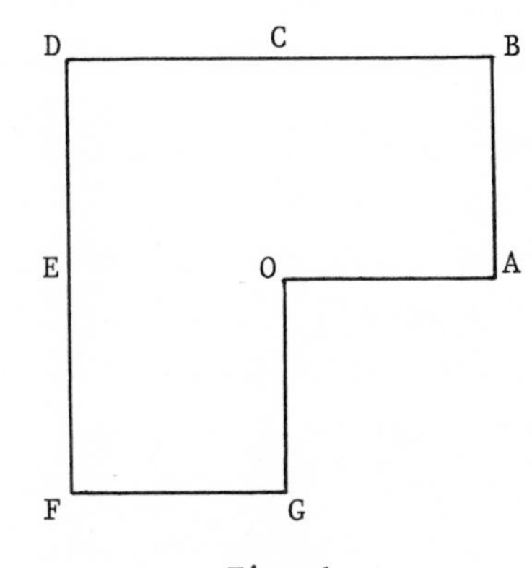

Fig. 1

Regularity results for domains containing corners have also been derived by Lehman [8] and Kondrat'ev [7]. The results of Kondrat'ev also cover certain *three* dimensional problems in which the domain contains *conical* points, whilst those of Grisvard [6] are appropriate to polyhedral domains. In three dimensions one has to take into account edges as well as corners. Although the three dimensional situation is not nearly so well understood as that of two dimensions, results concerning the form of the singularity for certain three dimensional problems have appeared; see e.g. Maz'ja and Plamenevskii [9], Bazant [2] and Stephan and Whiteman [11].

2. A Finite Element Method Effective for Singularities

In general, when the Galerkin technique is applied to a two dimensional problem of the type (1.3), the region Ω is partitioned into disjoint elements Ω^e, where $\Omega = \bigcup_e \Omega^e$. In a conforming method a finite dimensional space $S^h \subset H_0^1(\Omega)$, usually consisting of piecewise polynomial functions over the partition, is defined. The function $u_h \in S^h$ approximates the solution $u \in H_0^1(\Omega)$ of (1.3), where u_h satisfies

$$a(u_h,v_h) = F(v_h) \quad \forall \quad v_h \in S^h . \tag{2.1}$$

Clearly the ability of a function from S^h to approximate u accurately is dependent on the regularity of the solution u. The well known error inequalities in the H^1-norm, for approximations based on triangular partitions of Ω and piecewise p^{th} order polynomial trial functions, are of the form, see e.g. Ciarlet [3],

$$\| u - u_h \|_{H^1(\Omega)} \leqq K h^{\mu} | u |_k , \tag{2.2}$$

where $\mu = \min(p,k-1)$ and $|u|_k$ is the kth order seminorm. For problem (1.3) in the L-shaped region approximated using triangular elements and piecewise polynomial trial functions with $p \geqq 1$, since $u \in H^{5/3-\varepsilon}$, it can be seen from (2.2) that in the H^1-norm the global rate of convergence is $O(h^{2/3-\varepsilon})$.

An error bound of the above type is a *global*-bound and as such reflects the worst regularity features of the solution of the boundary value problem. In the case of the L-shaped region the global rate of convergence of u_h to u in the H^1-norm is determined by the singularity at the re-entrant corner. There is thus a case for *local* error bounds which will distinguish between areas of differing rates of convergence. Schatz and Wahlbin [10] have, for problems of type (1.1) - (1.2) involving singularities, derived L_∞-error bounds. In particular for problem (1.3) in the L-shaped domain using piecewise linear test and trial functions they show that, if Ω_j denotes the intersection of Ω with a disc centred on the jth corner and containing no other corner and $\Omega_0 \equiv \Omega \backslash \left(\bigcup_{j=1}^{N} \Omega_j \right)$, then

$$\| u - u_h \|_{L_\infty(\Omega_N)} = O(h^{2/3-\varepsilon}) , \tag{2.3}$$

$$\| u - u_h \|_{L_\infty(\Omega_0)} = O(h^{4/3-\varepsilon}) . \tag{2.4}$$

Equations (2.3) and (2.4) show that the rate of convergence in the L_∞-norm away from the corners is twice that near the singularity. This effect can be seen in practical computations. Equations (2.3) and (2.4) also suggest the use of some local mesh refinement strategy in order to produce results which over the whole of Ω have the same accuracy.

3. Local Mesh Refinement

Local mesh refinement is perhaps the most straightforward approach for dealing with a singularity. In most applications the rate of refinement is decided upon without any theoretical justification so that no use is made of regularity properties or of the form of the solution of the problem to be solved. For local mesh refinement the basic need is a mesh generating subroutine which can easily and economically produce the locally refined mesh. One such refinement scheme, proposed by Gregory, Fishelov, Schiff and

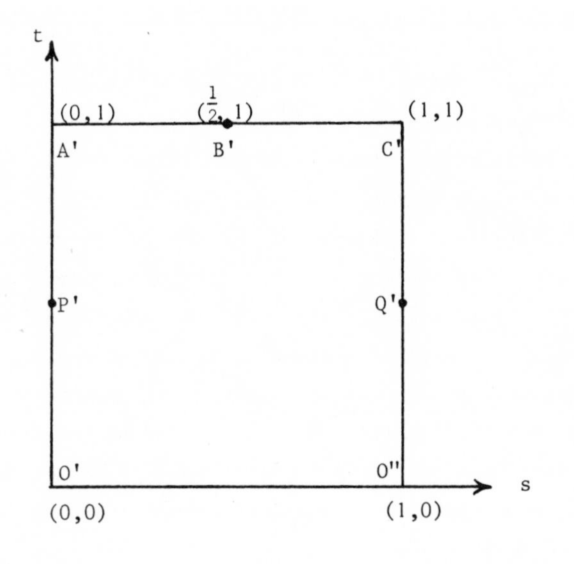

Fig. 2

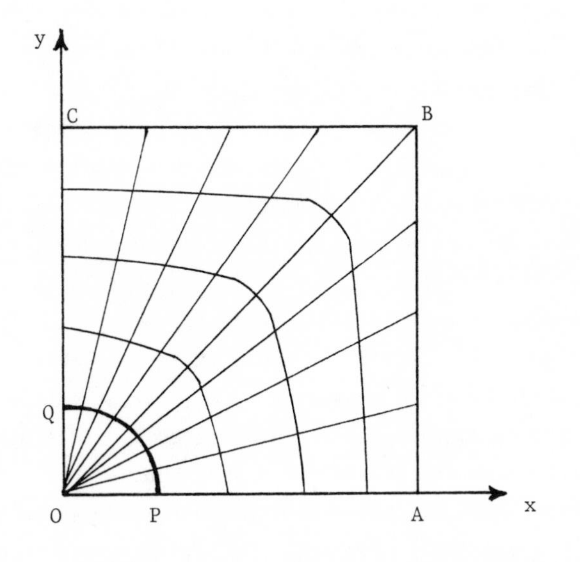

Fig. 3

Whiteman [5], is based on rectangular elements, but suffers from the common disadvantage that it contains non-standard (five-node) elements. In cases such as this special account has to be taken of these elements with resulting programming inconvenience. A simple alternative mesh generating strategy for producing a locally refined mesh is now outlined.

For a region with a re-entrant corner, such as the L-shape of Fig.1, it is assumed that it is possible for the domain, or a subdomain including the corner point, to be split into a number of non-overlapping subdomains, which completely fill the interior of the corner and which can be treated separately but similarly; e.g. in Fig. 1 suitable subdomains are OABCO, OCDEO, OEFGO. Attention can therefore be given to a single subdomain in the knowledge that the remaining ones will be treated in a similar manner.

We thus consider the subdomain OABCO of Fig. 1 and wish to generate in this a mesh which has a concentration of points in the neighbourhood of O. The approach to this is to produce a mesh which has both a "polar-form" near O and a "cartesian-form" near the lines AB and BC. This can be achieved in two stages. Let us consider the *standard* unit square O'A'B'C'O"O' in the (s,t)-plane, Fig. 2. In the first stage the mapping $x = x(s,t)$, $y = y(s,t)$ is defined so that the perimeter of this is mapped onto the perimeter OABCO in the (x,y)-plane in such a way that O' and O" coalesce to become O, whilst the line A'B'C' becomes the two lines AB and BC. For the second stage the mesh in OABCO is then generated using a *transfinite blending function*, see Gordon and Hall [4], which interpolates to the perimeter transforming function. With this the mesh points in the standard square which are the intersections of the lines s = constant and t = constant can be mapped into the points of intersection of lines radiating from O and peripherals as in OABCO in Fig. 3. The actual blending function used to generate the points of Fig. 3 is quadratic in t and linear in s, which, in addition to the above, allows the line P'Q' ($t = \frac{1}{2}$ in Fig. 2) to be mapped onto the quarter circle PQ of Fig. 3. In the part of OABCO outside the sector OPQ the mesh points are the images of points of intersection of the lines t = constant ($t > \frac{1}{2}$) with the lines s = constant. The mesh is formed by joining these mesh points with straight lines to form quadrilateral elements. Inside the sector OPQ, which is the zone of refinement, it is a simple matter to generate mesh points directly as the intersections of the lines radiating from O with quarter circles centred at O. Again these points are joined with straight lines and a mesh with elements concentrated near O, but compatible with the shape of the subdomain, has been created throughout OABCO. This method of generating the mesh has the advantage that as many quarter circles as required, and with any desired radial grading, can be inserted in the sector OPQ. Further details of this technique and its use will be given by Whiteman in [12].

4. Remarks

The above technique is solely one of mesh generation and as presented does not explicitly involve transformation of any part of the functional associated with the weak problem, although this of course must be done subsequently. Clearly, in order that the above scheme may be implemented, decisions have to be taken as to the size of the radius of the zone of refinement OPQ and of the form of grading inside this zone. These choices are problem dependent and ideally should be made automatically using some form of adaptive technique. Although no such implementation has yet been undertaken with this scheme, the approach of Babuska and Rheinboldt [1] could be adopted, whereby an error estimator is used to make the mesh self-adaptive.

The application described has been in terms of the subdomain OABCO of the L-shaped region of Fig. 1, which involves part of the boundary of the region additional to one of the arms of the re-entrant corner. This is not a necessary condition as the subdomain can more generally be an embedded subdomain involving the point of singularity.

Reference was made in Section 1 to problems in three dimensions. It is clear that the above refinement scheme is of use in three dimensional problems involving line singularities, as the refinement can be done in planes orthogonal to the line of singularity to give suitable mesh grading.

Acknowledgement

The author is most grateful to R.E. Barnhill for numerous informative discussions and to J. Galliara for writing the program to derive the mesh points of Fig. 3.

References

1. Babuska, I. and Rheinboldt, W.C., Reliable error estimation and mesh adaptation for the finite element method. pp.67-108 of J.T. Oden (ed.), Computational Methods in Nonlinear Mechanics. North-Holland, Amsterdam, 1980.

2. Bazant, Z.P., Three dimensional harmonic functions near termination or intersection of gradient singularity lines; a general numerical method. Int. J. Eng. Sci. 12 (1974), 221-243.
3. Ciarlet, P.G., The Finite Element Method for Elliptic Problems. North-Holland, Amsterdam, 1978.
4. Gordon, W.J. and Hall, C.A., Construction of curvilinear co-ordinate systems and their applications to mesh generation. Int. J. Numer. Meth. Eng. 7 (1973), 461-477.
5. Gregory, J.A., Fishelov, D., Schiff, B. and Whiteman, J.R., Local mesh refinement with finite elements for elliptic problems. J. Comp. Phys. 28 (1978), 133-140.
6. Grisvard, P., Behaviour of the solutions of an elliptic boundary value problem in a polygonal or polyhedral domain. pp.207-274 of B. Hubbard (ed), Numerical Solution of Partial Differential Equations III, SYNSPADE 1975. Academic Press, New York, 1976.
7. Kondrat'ev, V.A., Boundary problems for elliptic equations in domains with conical or angular points. Trans. Mosco Math. Soc. 16 (1967), 227-313.
8. Lehman, R.S., Development at an analytic corner of solutions of elliptic partial differential equations. J. Math. Mech. 8 (1959), 727-760.
9. Maz'ja, V.G. and Plamenevskii, B.A., On boundary value problems for second order elliptic equation in a domain with edges. Vestnik Leningrad Univ. Mathemat. 8 (1980), 99-106.
10. Schatz, A.H. and Wahlbin, L.B., Maximum norm estimates in the finite element method on plane polygonal domains. Part 1. Math. Comp. 32 (1978), 73-109.
11. Stephan, E. and Whiteman, J.R., Singularities of the Laplacian at corners and edges of three dimensional domains and their treatment with finite element methods. (to appear)
12. Whiteman, J.R., Finite element methods for singularities. To appear in J.R. Whiteman (ed.) The Mathematics of Finite Elements and Applications IV, MAFELAP 1981. Academic Press, London.

Professor J.R. Whiteman,
Director,
Institute of Computational Mathematics,
Brunel University,
Uxbridge,
Middlesex UB8 3PH,
England.

Früher erschienen:

Numerische Behandlung von Differentialgleichungen
Band 1
Tagung Oberwolfach, 1974
Herausgegeben von R. Ansorge, L. Collatz, G. Hämmerlin, W. Törnig.
1975. 355 Seiten. Gebunden.
ISBN 3-7643-0771-4
(ISNM 27)

Numerische Behandlung von Differentialgleichungen
Band 2
Tagung Oberwolfach, 1975
Herausgegeben von J. Albrecht und L. Collatz.
1976. 276 Seiten. Broschur.
ISBN 3-7643-0853-2
(ISNM 31)